が

基礎として学ぶ

世界を変えたすごい数式

冨島佑允

朝日新聞出版

はじめに

この本は、「数式読解力をつけて創造的な人になる」ための本です。**“数式読解力”はこの本独自の言葉で、数式を通じて物事の本質を見抜く力のことを指します。**

創造性は、本質を見抜く力から生まれます。本質とは、物事を動かしている隠れた法則のことです。

たとえば、ノーベル経済学賞を受賞したプリンストン大学のアンガス・ディートン教授は、年収と幸福度の関係を調べ、年収が800万円を超えると、そこからは年収が上がっても幸福度はあまり増えないことを発見しました。こうした隠れた法則を見つけたことで、お金さえあれば幸せになれるという世の中の常識が変わっていきました。

このように、見たり聞いたりできるものの裏にある法則を発見できれば、そこから思いもよらぬ発想が生まれ、新しい何かが創造されていくのです。

数式は、このような法則を発見し伝えるための強力な武器であり、現代の創造的な取り組みは、そのほとんどが高度な数式に支えられています。

現代の創造性の源泉は“数式”なのです。

数式には、世界を変える力があります。とはいっても、実際の出来事を示さなければ納得するのは難しいでしょう。そこで、この本では、具体的にどの数式がどんなふうに創造性を発揮し、どのように世の中を変えているかを9つの事例で説明しています。

なぜ現代の創造性の源泉は数式だと言えるのか。詳しくはプロローグにゆずるとして、ここでも少し触れておきましょう。

数式読解力によって培われる思考のポイントは、余分なものを切り捨てて本質を浮かび上がらせる「シンプル・イズ・ベスト」にあります。世の中の偉大な発明や発見は、数式というレンズを通して物事の本質を見ることで成し遂げられたものが本当に多いのです。**数式は、「本質を見るための虫眼鏡」だと言えます。**

この本では、数式が今まさに世の中に変化を起こしているお話をいろいろと紹介していきます。紹介するお話はＡＩ、アート、太陽光発電、お金の運用、宇宙のことなどさまざまな分野にわたっていて、使われている数式もすべてちがうのですが、数式が世の中を変えるプロセスはいつも同じです。著者はこれを**「数式の創造サイクル」**と呼んでいます（「数式の創造サイクル」についてはプロローグで詳しく説明します）。

数式の力の源は、その極限までの客観性です。言葉は、同じ文章でも文化によって、あるいは人によって捉え方が異なることがあります。みなさんも、自分の発言が意図したこととちがって受け取られて、「そんなつもりで言ったんじゃないのに……！」と思ったことがあるかもしれませんね。

けれども、数式はそうではありません。数式は、真の意味での世界共通語です。今まで未解明だったことについて、世界のだれかが解明して数式にすれば、その数式を見るだけで全人類がその物事の本質を理解できるようになります。

その影響力は国を超え世界全体に及び、かつ100年後や1000年後の人類にまで及びます。なぜならば、数式は文化や政治制度や法律に全く影響を受けない、極限までの客観性を持つからです。

数式は、誰にとっても同じ意味になるからこそ、人々の行動を変える大きな力を持ちます。

数式が世の中を大きく変えつつある最近の例の一つとして、ここでは人工知能の話をしましょう。

みなさんは、人工知能という言葉を知っているでしょうか？　人工知能とは、知的な判断や行動を人間の代わりにやってくれる賢いコンピューター・プログラムのことです。英語ではArtificial（＝人工の）Intelligence（＝知能）と書き、その頭文字をとってＡＩと呼ばれます。

ＡＩを使った商品は、既にみなさんの身の回りにもあります。よく知られているのは人の音声を認識して音楽や動画再生をしたり家電の操作ができるアレクサやロボット掃除機のルンバ、これまでに学習したデータを使って新しいコンテンツを生み出すことができる「生成ＡＩ」という技術で、私たちのいろいろな質問に答えてくれるChatGPTなどです。

アレクサは、人間の言葉による指示に従って動くことができます。たとえば、「アレクサ、行ってきます」というと、アレクサは声を発した人が出かけると判断して家の電気を全て消します。ルンバはロボット掃除機で、障害物をどうやってよけるかを自分で判断しながら上手に掃除をしてくれます。ChatGPTは人間の書き言葉（日本語や英語など）をそのまま理解し、いろいろな質問に答え、指示に応えてくれます。このように、自分で判断して行動する「知能」を持っているのです。人間が人工的に作った知能なので、人工知能（ＡＩ）と呼ばれています。

少し前に、絵を描くＡＩが登場し美術界の話題をさらいました。たとえば、「イルカと海」のようにキーワードを入力すると、それに沿った内容の絵をＡＩが一瞬で描いてくれるというものです。

これらのＡＩは高度な数学にもとづいて設計されていて、いわば数式のカタマリのようなものです。たとえば、ChatGPTや絵を描くＡＩはニューラルネットワークと呼ばれる技術を使っていて、本書のChapter.1で紹介する数式が使われています。

ＡＩの性能はどんどん向上していて、一部の分野では既に人間を超える能力を持っています。数式からＡＩが生まれ、そのＡＩが世界を変えているのです。

背後にある数式なんて知らなくても、パソコンやスマホにキーワードさえ入力できれば絵を描くＡＩやChatGPTを使えるじゃないかと思われるかもしれません。アレクサやルンバだって、操作はいたってシンプルで、当然ながら、ふだん使うのに数式など想像もしないでしょう。

でも、ちょっと待ってください。そうした便利なものを生み出すのは、賢くてアイデアを持っているだれかに任せておいて、自分は生み出されたあとのそれを使うのは、とても簡単です。ただ、社会が発展していくためには、他人まかせにするだけでなく自分でも新しい価値を生み出そうとする力が必要ではないでしょうか。

もちろん数式を使って発明や“革命”を起こすのは簡単ではありません。しかし、**便利さを生み出すかくれたしくみを知ろうとする姿勢は、自分たちが主体となり責任を持ってそれを選び、使っているという意識を持つ意味でも大事なことです。そしてその姿勢が新しいアイデアにつながることがあります。**

日本はかつて、ウォークマンやゲームボーイなど、世界のだれも考えつかなかった製品を生み出して世界中を驚かせていました。けれども、いつしかその創造性を失い、今では他国から製品を買って使うことが多くなっています。新しいものを生み出せない、ゼロをイチにできない国は、いつしか世界から忘れ去られるのではないかと心配になります。

かつての創造性を取り戻すには、どうすればよいでしょうか？

著者は、本書で提唱する“数式読解力”がそのカギを握っていると考えています。ＡＩやスマホを開発した人たち、つまり**ゼロからイチを生み出した人たちは数式を読み解く力を持っていて、数式と仲良くなることで世界を変えていったのです。**数式は創造性の源泉で、そこから何かを生み出せるのは数式読解力を持った人間です。つまり、

数式読解力＝創造性

なのです。

毎日のニュースを見ていると、現代の創造性は数式が担っていることがとてもよくわかります。

たとえば、宇宙ロケットの進む方向の計算には、カルマンフィルタやパーティクルフィルタという名前の統計学の

数式が応用されています。自動運転車は「ベイズの定理」と呼ばれる数式を使って状況を判断しながら走ります。生命保険や損害保険の保険料を決めるための計算には、高校生の数学で基本を習う微分積分や確率論などの高度な数式が利用されています。

空中を飛び回るドローンが、その姿勢を一定に保つために、どのプロペラをどれだけ回せばよいかという計算には微分積分の数式が使われています。ヒトの心臓の鼓動のテンポや回数は、数学の一分野である「カオス理論」の数式に従っていることがわかっており、こうした法則性に気付けたからこそ人工心臓の研究にもつながっています。

最近の世の中の発展や目新しいものには、数式が関わっているものがとても多いのです。

数式と親しくなることが、創造性への扉を開きます。とは言っても、小難しい数式を自分で解けるようになる必要はありません。重要なのは解き方のテクニックではなく、数式に秘められた物事の本質を見抜く力です。

数式はそもそも人間の思考を助けるためのツールであり、根本の発想は非常に直感的です。根本の発想さえ理解すれば、数式は怖くありません。この本では、そういった根本の発想に光を当てた説明に意を尽くしています。

本書が数学力ではなく、あえて“数式読解力”をテーマにしているのもそのためです。数学力というと、数学に関するあらゆる能力を表します。数式読解力（数式を通じて物事の本質を見抜く力）もその中に含まれますが、それだけでなく、数学力には計算力（自ら数式を解く能力）や数式構築力（自分の考えを数式として表す能力）なども含まれてきます。

こうした総合力としての「数学力」は著者のような数学を駆使する専門職には必要ですが、万人にとって重要というわけではありません。多くの方にとって、創造性を高め人生を豊かにするための武器となるのは「数式読解力」です。

著者は、数学を駆使して金融市場を分析する「クオンツ」という仕事をしています。主な仕事内容は、統計学や人工知能を使って株などに投資を行い、お金を上手に増やしていくことです。

最近、この仕事をしていて感銘を受けた体験があります。

あるとき、仕事の成果を米国のグループ会社役員に説明する機会があったのですが、想定をはるかに超えるほど突っ込んだ専門的な質問をシャワーのように浴びせかけられ、面食らってしまいました。

というのも、役員クラスからそこまで数理的で専門的な質問が来るとは想定していなかったからです（念のため補足すると、その役員は投資の専門家ですが、数式は苦手です）。

結局、与えられた時間では質疑応答が終了せず、次の面会を予定していた部長陣が会議室に入ってきたことでその日はお開きになったのですが、その後もメールや書面でのやり取り、追加のミーティングなどを通じて理解を深めてもらいました。

こういう体験をして、著者はスペースXやテスラなど世界的に有名な企業の敏腕経営者として名高いイーロン・マスク氏の逸話を思い浮かべました。

彼が宇宙企業のCEOになったとき、現場までやってきてはエンジニアたちに根掘り葉掘り技術的な質問を浴びせかけたそうです。そして最終的には、マスク氏自身がロケット工学の専門家と名乗れるほどの専門知識を身に付けたと言われています。

地位が高くても、数式が苦手でも果敢に学んでいく姿勢。これは見習いたいと思いました。質疑応答や追加のミーティングをしたからといって、著者の投資戦略に使われている数式をその役員が自力で解けるようになったわけではありません。ただ彼は、著者が提案した投資戦略の本質を理解するために数式にチャレンジし、実際に理解したのです。

その投資戦略は彼によって採用され、彼の責任の下で運用されています。

日本の数学教育では、公式を当てはめて正確に計算する練習をたくさんやらされます。しかし、数式がだれのどんな思いから生まれ、世の中でどう役立っているのかわからないまま計算練習だけさせられるのは、ほとんどの人にとっては苦行です。多くの学生は数学をつまらないと感じてしまうのではないでしょうか。
　でも、それではとてももったいない！
　数式を作るのも使うのも人間です。そして数式は、私たちが物事の本質を見極めるためのレンズとして役立ってくれる、私たちにとって欠かせないものであり、可能性を秘めた興味深い存在だということを感じるきっかけになってほしいというのがこの本に込めた願いです。
　繰り返しになりますが、自分が数式を解けるようにならなくてもよいのです。もちろん、私のように数式を使うことがメインの仕事をしている人もいるにはいますが、本当に不足しているのは、そうした数式メインの仕事の意義を理解し支援してくれる人だという話もあります。

　最近、ある大手外資系企業の営業部長と話す機会があったのですが、日本企業では、社内の文系人材と理系人材を結びつける「橋渡し役」がいないことが、日本企業がデータや最新テクノロジーの活用で世界に大きく遅れている一番の理由になっているそうです。

　理系人材が技術やアイデアを持っていても、実現させるのに協力が必要となる他の部署にはそれを理解できる人がほぼいなくて、その間のコミュニケーションをサポートしてくれる「橋渡し役」もいない。結果として、せっかくのアイデアがビジネスにつながらないことがめずらしくないのだそうです。

実は、数式が使えなくても、理系の技術者や研究者たちの説明が100％理解できなくても、そのアイデアを聞いてみようという関心が持てれば、橋渡しはできますし、きっとしたくなるはずです。

アイデアの背後にある、たくさんの数式の存在に思いを馳せる。このアイデアが現実になれば、「彼ら」がフル稼働しはじめて、まだ見ぬモノ・コトが生み出される。

この本を読み終えたあなたは、きっと、そんな想像でわくわくすることになるでしょう。

もしかしたら、社内の文系人材と理系人材を結びつけたり、社外のIT企業やフィンテック企業なども巻き込んでアイデアを形にしていくひとりになるかもしれません。つまり、**“数式読解力＋調整力”がビジネスチャンスにつながるのです。**イノベーションが求められる現代にこそ、数学の視点は重要なのです。

こんなふうに、本書を通じて、いろいろな方に数学との距離を縮めてほしいと思っています。学校の数学の授業や受験勉強に飽き飽きしていたり、数学が苦手だと感じている学生の方もぜひ一度手に取ってみてください。数式に秘められた思いや世の中での活用状況を知ることで、数学の勉強が今までより楽しくなるにちがいありません。

数式を理解するコツは、見た目の複雑さにひるまず、「その数式が表している物事の本質は何なのか」という点に意識を集中することです。数式のささやきに耳を傾けるのです。これから一緒に、クリエイティブな数式の世界へ、旅を始めましょう。

この本の読み方

最後に、この本のおススメの読み方について少し補足します。

この本では、まずプロローグで本書全体のコアとなる考え方をお伝えして、その後のChapter.1から9で具体的な事例を紹介しています。ですので、まずはプロローグをぜひ読んでいただきたいのですが、そのあとのChapter.1から9までは内容がほぼ独立しているので、どこから読んでもかまいません。

興味のあるChapterだけ目を通すという読み方をしても全体の理解に支障がないように書いているので、もちろんそのような読み方もアリです。

とはいえ、多くの事例の中から厳選したとっておきのお話ばかりですので、できればぜひ通読をおススメします！

東大·京大生が基礎として学ぶ

世界を変えたすごい数式

目次

CONTENTS

ブックデザイン　吉田考宏
カバーイラスト・本文似顔絵　平田利之
図版制作　朝日メディアプロダクション
（一部は著者が制作）
校閲　くすのき舎
本文DTP　一企画

PROLOGUE

数式がどうやって
世の中を変えていくのか

ROE＝利益÷株主資本

数式というレンズで何が見える?

「はじめに」でもお伝えしましたが、数式読解力が育ててくれる思考は、余分なものを切り捨てて本質を浮かび上がらせる「シンプル・イズ・ベスト」が特長です。世の中のさまざまな課題を数式というレンズを通して見ることで、その本質が浮かび上がって解決策に思い至ったり意外な応用法に気付いたりします。そのようにして人類の文明は進歩してきました。

そして、まさに今このときも、世の中は数式をエンジンとして進歩を続けています。**数式は「本質を見るための虫眼鏡」なのです。**

この本でこれから紹介していく数式たちは、どれも今まさに世の中を変えていっているものばかりです。分野も数式もさまざまですが、世の中を変えるプロセスは、どれも前にお話しした**「数式の創造サイクル」**にあてはまります。

図表0-1をご覧ください。世の中には難しい課題や複雑な物事があふれています（図の上段）。そして、その課題を解決しようと努力する人や、複雑な物事を理解しようと学んでいる人がいます。そういった人たちは、「本質を見る虫眼鏡」である数式を駆使して核心に迫ろうとしています。そして、見つけ出した法則性を新たな数式として表し、論文や本などにして世の中に伝えます（図の中段）。

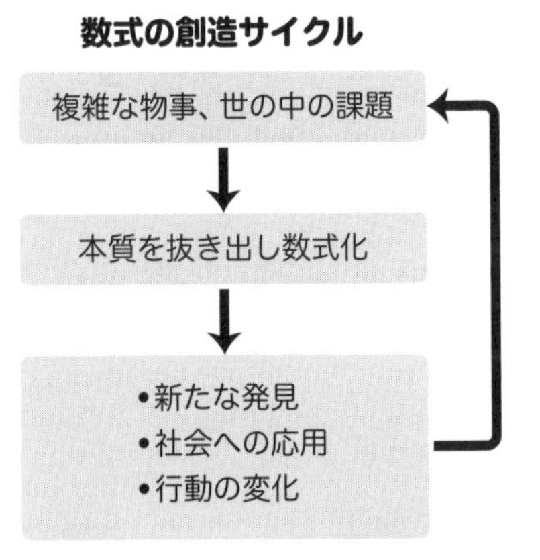

図表0-1　数式が世の中を変えていくしくみ

こうして生み出された数式を知ることで、世界中のだれもが同じ本質をつかむことができるのです。なぜならば、**数式は言葉とちがってだれにとっても同じ意味になるからでしたね。**

たとえば、y＝3x＋1という数式を考えてみましょう。これは、世界中のだれもが「xを3倍して1を足す」という意味だとわかります。非常に明快です。数式は、たった一通りの解釈しかありえないのです。

数式は、真の意味での世界共通語です。

この世界のだれかが初めて解明して数式にすれば、文化や言語や政治制度などにかかわらず、数式についての知識さえあれば、世界のすみずみまでその物事の本質への理解が浸透するのです。さらに、時を超えて、数百年、数千年後もその数式は生きつづけていきます。

数式はこの極限までの客観性という強みによって、人々の行動を変える大きな力を持ちます。そして、他分野への応用や新たな発見にもつながっていきます（図表0-1の下段）。そうやって社会が進歩していくと新たな課題が発生して（同図の上段）、このサイクルが繰り返されるわけです。

「儲（もう）けたい！」に応えた数式

ここで、数式の創造サイクルが働いた事例を一つ紹介しましょう。もしかしたらビジネスパーソンの方は、企業の業績を評価するための次のような数式を見たことがあるかもしれません。

$$\mathrm{ROE} = 利益_1 \div 株主資本_2$$

この数式は、あらゆる投資家が抱える「どういう企業の株式を買うべきか」という、難しい課題に答えるために生み出されたものです。20世紀初頭にアメリカの実業家、ドナルドソン・ブラウンという人が考案したとされています。

1　企業が商売をすることで得た儲けのことです。たとえば、自動車メーカーが200万円で自動車を1台売ったとします。その自動車を作るための部品や人件費などの費用が100万円かかったとすると、利益は100万円（＝200万円－100万円）となります。

2　企業が商売をするときは、商品を作るための材料を買ったり、お店を建てたりなどでたくさんのお金が必要になります。そのため、企業は株式を発行して投資家に買ってもらうことでお金を集めます。お金を出してくれた投資家のことを「株主（かぶぬし）」といい、集まったお金のことを「株主資本（かぶぬししほん）」といいます。企業は、商売で得た利益を株主と山分けするので、企業にとっても株主にとってもメリットがある関係です。

どのような企業に投資するのがいいかな、とだれかに相談すると、きっと、人によってさまざまな答えが返ってくるでしょう。名前が知れた大企業の株式を買う方が安心だという人もいれば、自分が好きな商品を作っている企業の株を買いたいという人もいるでしょう。

しかし、全ての投資家に共通する最大の目的は、「儲けること」です。もっと言えば、なるべく少ない元手で、たくさん儲けたいということです。

そこでブラウンは、こうした投資家の願いをそのまま数式にしました。企業が生み出す利益（これが投資家のものになります）を、投資家が企業に対して出した（投資した）お金の総額である株主資本で割った値をROE（Return On Equity: 自己資本利益率）と呼び、このROEの値が高い企業に投資すべきだと考えたのです。

たとえば、投資家が1000万円のお金を出したとき、それを元手に毎年200万円を稼いでくれる企業AのROEは20%になります（つまりROE＝200万円÷1000万円＝20%）。一方、毎年50万円しか稼いでくれない企業BのROEは5%になります。この場合はROEが高いほうの企業Aに投資した方がよいということになります。

このように、**もともとは投資すべき企業を選ぶために、企業間を比較する基準として考え出されたROEですが、今では世界中の企業が、経営計画の中でROEの目標値を定めています。**なぜなら、投資家が着目する指標であるROEを高めればお金を集めやすくなるからです。

ROEを高めるには、ビジネスをうまく進めて利益を増やしていくのはもちろんのこと、この式の分母になる「株主資本」が増えすぎないようにするという点も、企業側は気にかけています。

その方法として、多くの企業は自分の会社の株をみずから買っています。これは「自社株買い」と呼ばれています。つまり、自社の株式の一部を株主から買い戻すのです。

これは、投資家に出資してもらったお金の一部を返還していることと同じになります。ビジネスをするのに必要十分な金額を超えた分は株主に返すということです。そうすれば、株主は返還されたお金を、また別の有望企業に投資して、もっと儲けることができるでしょう。

結果として、株主に対してそういう配慮をする企業は投資家から気に入られて、さらにビジネスのための出資をしてもらいやすくなります。

このように、新しい価値観によって人や企業の行動が変わることを、少し難しい言葉で「行動変容（こうどうへんよう）」といいます。ROEの数式が投資家や経営者の価値観を変え、行動変容へつながっていったのです。少し話が長くなったので、図表0-2に要点をまとめました。

世の中の課題（この場合は投資家にとっての課題）	どういう企業に投資すべきかを判断する基準が欲しい
課題の本質を捉える数式	ROE ＝ 利益÷株主資本
新たな発見・応用・行動の変化	投資家からのお金を集めやすくするためにROEを高めようと考える企業が増え、自社株買いなど企業の行動が変化していった

図表0-2　数式の創造サイクルの一例（ROE）

ここでのROEの話は一例にすぎません。こんなふうに「数式の創造サイクル」によって世の中が変わっていった、あるいは今まさに変わっている最中なのです。

大切なのは本質を見る目であり、数式はそのための強力な武器です。読者のみなさんも、本書をヒントに、自分自身が直面している課題について本質は何かを考えてみると、何か解決の糸口がつかめるかもしれません。この本を通してみなさんに身につくであろう数式読解力が、その思考を助けてくれるはずです。

この本を読むにあたっては、数式の正確な理解はあまり重要ではありません。むしろ、その数式が世の中をどう変えていったかというストーリーに注目して読み進めていただけたらと思います。

CHAPTER.1

数式で人智を超えて

$$u = w_1 x_1 + w_2 x_2$$

シグモイド関数

$$f(u) = \frac{1}{1+e^{-u}}$$

いく

図解

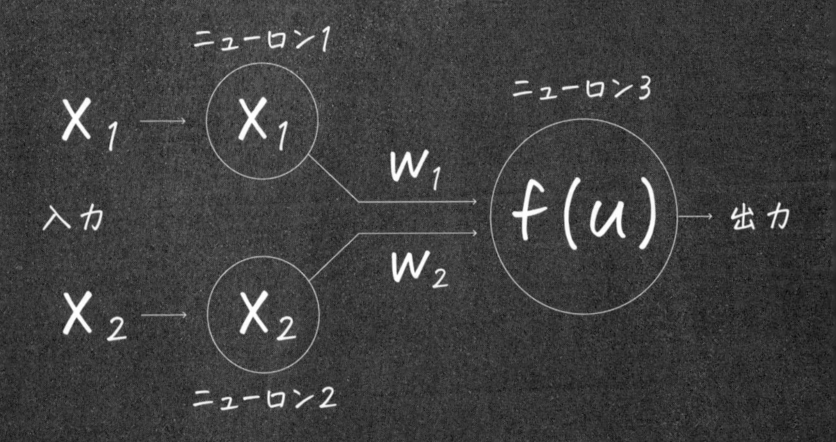

人間の脳に近づきつつあるAI

どんな分野の数式なの？

人工知能（ＡＩ）になくてはならないものだよ。

何に使われている数式なの？

人間の脳のしくみを表す数式だよ。

この数式を使ってコンピューター上で人間の脳をまねる技術が登場したことによって、近年のＡＩ（人工知能）の急速な発展が実現しているんだ。

何がきっかけで、この数式が産まれたの？
世の中のどんな課題を解決したのかな？

神経生理学者のウォーレン・マカロックと数学者のウォルター・ピッツという2人によって1943年に発表された研究がきっかけになっているよ。

2人の研究の目的は、脳をコンピューターとみなして、そのしくみを数学的に整理しようというものだったんだ。

人間の脳は、「ニューロン」と呼ばれる多数の神経細胞が電気信号をやり取りすることで学習や思考をしていることは知ってるかな？

$$u = w_1x_1 + w_2x_2 \quad f(u) = \frac{1}{1+e^{-u}}$$

この数式は、２つのニューロン（ニューロン1と2）が後続のニューロン3に電気信号を送るときのしくみを表している。

この式は、人間の脳が何かを学ぶときに、その“裏”で起きていることの本質をとらえているんだよ。

この数式によって、世界はどう変わったんだろう？

この数式をコンピューターに取り込めば、コンピューター上で人間の脳をまねた処理ができる。

このような発想から生まれたのが「ニューラルネットワーク」と呼ばれるＡＩ技術なんだ。

ニューラルネットワークは、それまでコンピューターが苦手としていた分野で目覚ましい成果を上げて、ここ最近のＡＩブームをもたらすきっかけとなったの。

顔認証（人間の顔を自動判別して人物を特定する）、自動翻訳、文章から書いた人の感情を予測する技術など、幅広い分野に応用されているんだよ。

コンピューターが人間の知能を超える日がやってくる?

近ごろ、コンピューターがそう遠くない将来に人間の知能を超えるのではないかという説が話題になりました。コンピューターが人間を凌駕(りょうが)する時点を「シンギュラリティ(特異点)」と呼び、それは2045年あたりに訪れるのだそうです。実際に、人工知能(ＡＩ)は急速な勢いで発展しているので、あながち夢物語ではないかもしれません。

人工知能は1950年代から研究が始まり、そこからブーム(=大きな発展)と停滞の波が2回ほどあって、本書を執筆している2023年現在、三度目のブームが来ていると言われています。最近ＡＩが急速に発展している理由は、人間の脳をまねた「ニューラルネットワーク」という技術が普及したことです。

ニューラルネットワークがなぜＡＩブームを引き起こしたのか。それは、今までの人工知能が苦手としていたタスクで目覚ましい成果を出したからです。

つい最近までの人工知能は、人間が実際に経験したことから導かれた法則をルールとして順を追って書き出していき、それをコンピューターに教え込むというものでした。これは「エキスパートシステム」と呼ばれています。

たとえば、クレジットカードの審査や住宅ローンの審査など、決められた手続きを踏んでいく処理などには向いています。けれども、明確にルールを書き出せないタスクを取り扱うのは非常に苦手です。

たとえば顔の認識や文章の理解といったタスクです。人間にとっては、知り合いの顔を判別するのは容易(たやす)いでしょう。しかし、どうやって人の顔を判別しているのかを明確なルールとして書き出すのは困難です。

文章の理解もそうです。たとえば、翻訳家の人たちは、英語を自然な日本語に訳すことができるでしょう。だからといって、英語を自然な日本語に訳すためのルールを全て明確に書き出せるわけではありません。今までの経験に基づいて、直感的に自然な訳文が浮かんでくるのです。

翻訳をするときは文法のちがいだけではなく、文化のちがいや文脈も考える必要があります。機械的なルールを当てはめるだけでは不自然な訳文になってしまうのです。

このような、**ルールとして書き出せないタスクについても人間の脳はうまくこなすことができます。人間の脳をまねたニューラルネットワークも同様に、このようなタスクをうまくこなすことができるのです。**

ニューラルネットワークは既にさまざまな分野で実用化されていて、実は私たちの身の回りにあふれています。身近な例でいうと、パソコンやスマートフォンの顔認証やGoogle翻訳などがそうです。このような技術がどれほど革新的かは、使ったことがある方ならばだれもが感じているでしょう。Google翻訳は、さまざまな言語の世界中のユーザーが24時間365日、翻訳に使っているわけです。人間の翻訳者が、これだけの量の仕事をこなすことは到底できません。

著者の本業はクオンツ（数学や人工知能を株式投資などに使ってお金をかせぐ仕事）ですが、著者自身もニューラルネットワークを組み込んだ投資プログラムを開発して使っています。

具体的には、世界中のニュースサイト、ブログ、SNSなどから、日本や世界のさまざまな企業についてのニュース記事やコメントなどをインターネットから自動的に集めてきて、それらの文章をニューラルネットワークに読ませ、文章を書いた人間がどういう感情を持っていたかを推測させています。

たとえば、ある企業の今後の業績についての記事を読ませて、否定的な記事（書いた人は業績悪化や株価下落を懸念）なのか肯定的な記事（書いた人は業績改善や株価上昇を期待）なのかを見分けさせるといった使い方です。

著者のリサーチでは、**コロナショックなどの混乱で過去に株価が大きく下落した局面では、株価が下落を始める前に株式投資家の心理が急激に悪化していた**ことがわかっています。そこを逆手にとれば、**投資家の心理を読むことで株価が下落を始める前に先手を打てる**というわけです。

こうした分析をするために、世界中のいろいろな言語のニュースやSNSのコメントなどを365日ずっとニューラルネットワークに読み込ませ、投資家の心理を推測させています。それによって、株価下落の前兆である投資家心理の悪化が起きていないかどうか監視しているのです。心理の悪化を察知すれば、早めに株を売っておくなどして対応することができるからです。

もちろん、ニュース記事を読むこと自体は人間にもできるのですが、いくつもの言語のニュースを24時間365日読み続けることは人間には不可能でしょう。そういうことは、機械だからこそできることです。

著者は他にも多様なタイプのＡＩを投資に使っていて、もはやＡＩなしでの仕事なんて考えられないほどです。

ではここから、ニューラルネットワークがどのように動いているかを掘り下げていきましょう。人間の脳をまねたしくみということで、理解の助けにしていただくために、最初に少しだけ人間の脳についての話をします。

反復学習するほど強くなる脳

人間の脳内には非常にたくさんの神経細胞（ニューロン）があって、それらが電気信号をやり取りすることで情報を処理しています。

成人の脳の重さは約1200〜1500gで、そのうち記憶・思考・言語・感情・感覚などの高次機能（＝人間らしさにつながる機能）をつかさどる大脳は約800g（脳が何を行っているのか（tamagawa.ac.jp））です。たったリンゴ2個分くらいの重さの中に、私たちを人間たらしめる全ての機能が詰まっているわけです。

人間の大脳には約160億個の神経細胞（＝ニューロン）があり、それらが図表1-1のように「軸索（じくさく）」という腕のようなものを伸ばして互いにつながりあっています。この軸索

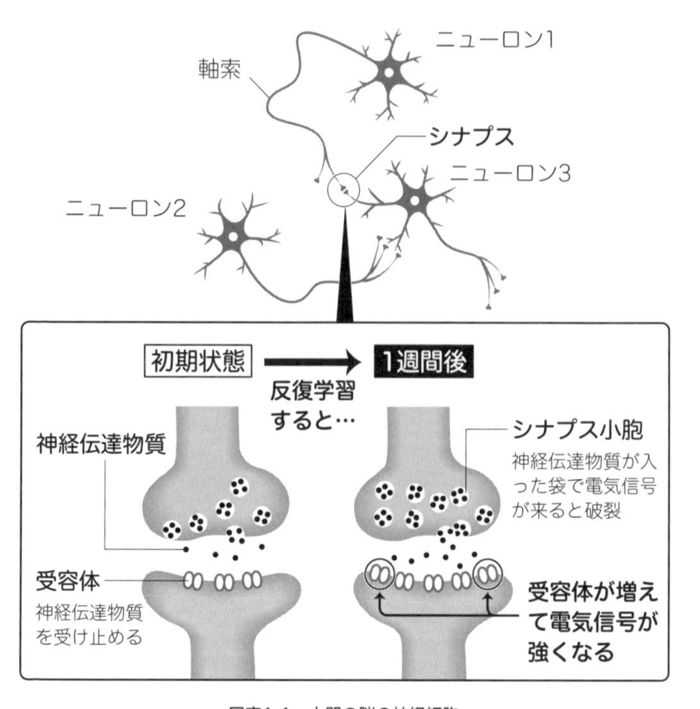

図表1-1　人間の脳の神経細胞

の先端を「シナプス」といいます。ニューロンどうしがこの軸索を通じて電気信号をやり取りすることで、思考や記憶などの情報処理が行われています。

ニューロンのネットワークは、常に変化しています。人間は、昔のことを忘れてしまうこともあれば、勉強して新しいことを覚えたりもできますね。このようなとき、脳の中でネットワークの変化が起きているのです。

たとえば、人間が何か新しいことを学んだときは、ニューロンが軸索を伸ばして他のニューロンとつながることで、新しい回路が作られます。さらに、同じ問題集を何度も解くなどして繰り返し学習すると、その内容に関するニューロンのつながりが強化されていきます。

「ニューロンのつながりが強化される」とはどういうことか、具体的なしくみは図表1-1をご覧ください。ニューロンとニューロンがつながっている部分を拡大図で見てみると、少しスキマが開いています。この部分は「シナプス間隙（かんげき）」と呼ばれていて、他のニューロンとの電気信号のやり取りがなされています。

シナプスでは、まず電気信号が一方のニューロンからやってきます（拡大図の上側）。すると、電気信号の刺激を受けて「シナプス小胞」と呼ばれる小さな袋状のものが破裂して、そこから神経伝達物質（図中の小さい粒）が放出されます。

信号を受け取る側（図の下側）には、神経伝達物質を受け取るための「受容体」と呼ばれる器官があって、神経伝達物質が受容体に受け止められると、電気信号がもう一方のニューロンに伝わることになります。

反復学習をすると、この受容体の個数が増えていき、神経伝達物質をよりたくさん受け取ることができるようになります。すると、伝わる電気信号がより強くなり、記憶が定着するわけです。

反対に、ネットワークがあまり使われなくなると、受容体の数が次第に減っていき、電気信号が伝わりにくくなっていきます。これが「忘れる」ということです。

なぜ脳のしくみをこれだけ詳しく説明したかというと、学習によってネットワークが強化される、このようなしくみをニューラルネットワークがまねているからです。

脳のしくみを数式にした最初の研究

ニューラルネットワークの発明につながる最初の研究は、神経生理学者のウォーレン・マカロックと数学者のウォルター・ピッツによって1943年に発表されました。2人は、人間の脳のしくみを数式で表し、脳をまねたコンピューターを作れるということを示しました。

2人の専門分野（神経生理学者と数学者）からわかるように、この研究は純粋に学問的な動機によるものでした。つまり、脳をコンピューターとみなし、そのしくみを数学的に整理しようという試みです。それが後に、他の研究者によってニューラルネットワークの研究に利用されていきました。

そして産み出されたのが、冒頭の数式です。

この2人の仕事がきっかけとなって研究がはじまり、徐々に成果が積み上げられていきました。そして1980年代に入ると、コンピューターの性能の向上とともに研究も爆発的に進みます。この時代には、ニューラルネットワークを使った文字の認識や音の認識に関する研究が進み、現代の応用につながるような技術が確立されていきました。

コンピューターで脳の働きをまねるためには、そのしくみが数式で表されている必要があります。脳のしくみを数式を使って整理したのが次ページの図表1-2です。これはそのまま、ニューラルネットワークのしくみでもあります。

図の中のグレーの○はニューロンで、ニューロン1と2からニューロン3へ信号が伝わる様子を表しています。実際は、もっとたくさんのニューロンが互いに電気信号をやり取りしているのですが、ここでは、わかりやすく説明するために最もシンプルな状況を考えています。

このしくみでキーとなるのは、図中でw_1、w_2と記した部分です。これは、複数のニューロンから信号を受け取る際に、どのニューロンからの信号をより重視するかという「重み」を表しています。

この「重み」は、脳でいうところの受容体の数に相当するものです。繰り返し使われる重要なネットワークほど受容体の数が増えて電気信号が強くなるのでしたね。それと同じで、w_1やw_2の値がネットワークの強さを表しています。より具体的には、w_1やw_2の値が大きいほど、より強いつながりを表しています。

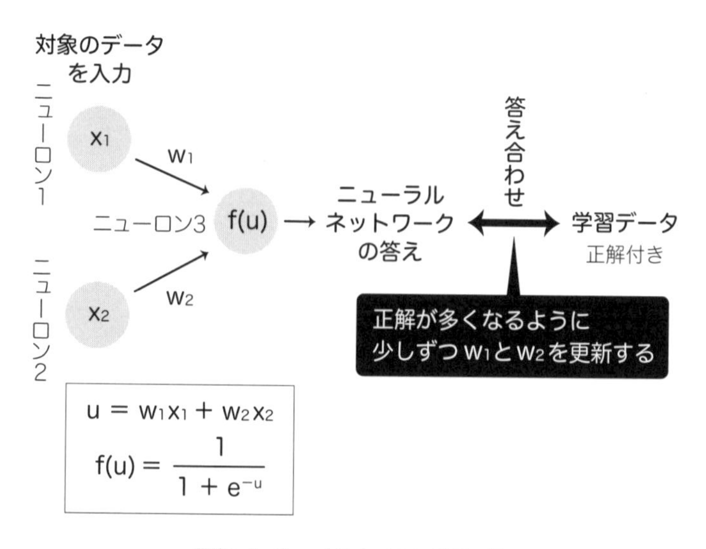

図表1-2　ニューラルネットワークのしくみ

人間の脳では、1つのニューロンに平均で1000個を超えるシナプスがあり、これらのシナプスごとに重みがちがいます。つまり、どのニューロンから来た信号なのかによって軽重がつけられています。

図表1-2では、たとえばニューロン1からの入力信号よりもニューロン2からの入力信号の方をより重視する、とい

った重みづけがなされているのです。

これは、人間関係と似ているかもしれません。ふだんからしょっちゅう連絡を取り合っていて、よく相談に乗ってくれる人の話は一生懸命聞くけれども、あまり連絡もしてきてくれない疎遠な人からたまたま会ったときにアドバイスめいたことを言われても、話の内容をそこまで重視はしないでしょう。**ニューロンもそのようにして、シナプスごとに重視する度合い（重み）がちがっているのです。**

ここで、数式を通じて脳のしくみの本質が見出されたことに注目してください。

脳が電気信号をやりとりするしくみは、受容体やシナプス小胞などが関わっていてかなり複雑でしたね。けれども、数式には受容体やシナプス小胞は全く出てきません。

それはなぜかというと、受容体やシナプス小胞などの細かいしくみは本質でない枝葉の部分だからです。

脳で起きていることを結論だけにしぼると、「学習を繰り返すと、その回路のつながりが強化される」ということです。この結論のみが重要なのであって、その過程（受容体やシナプス小胞などのしくみ）は本質ではないのです。

ですから、数式では回路のつながりの強さだけがw_1やw_2として登場し、それ以外の枝葉的なものは一切登場しません。

そこが脳の本質だったわけで、数式にすることでその本質だけを取り出せたのです。だからこそ、脳の持つ潜在能力をコンピューターにまねさせることができたわけです。

図表1-2をもういちど見てみましょう。ニューロン1とニューロン2から入ってきた入力信号は、重みを考えたうえで合算されます。そしてニューロン3は、この合算された信号が一定レベルよりも強い場合に信号を出します。**合算された信号が一定レベルよりも弱い場合は信号を出しません。**

つまり、ニューロン1と2から来て合算された信号が弱い場合は、ニューロン3は信号を出さないので、信号の流れはそこで止まってしまいます。

なぜ、信号の合算値が弱ければ続きの信号を出さないのでしょうか？　このしくみは、**脳がエラーなく動作するために必要**なのです。

一つ一つのニューロンは完璧ではないので、もしかしたら誤作動するかもしれません。ですので、一つのニューロンからの信号だけに頼っていたら、脳全体が誤作動してしまうおそれもあります。そこで、複数のニューロンから信号がやってきて、それが一定レベル以上に強い信号である場合だけ自分も信号を伝えるようにしているのです。

このしくみは、人間の社会でいう多数決に近いですね。多数決においては、一人の人間の判断は間違うかもしれないという前提のもと、多数決で一定以上の人間が賛成した場合だけ案を採用します。もちろん、多数決が常に正しいとは限りませんが、一人が全て判断するよりは信頼のおける結果になるでしょう。

実は、冒頭の数式は、この「多数決」のしくみを表したものになっています。

図表1-2の数式では、ニューロン1と2からの入力信号を合成したものをuという文字で表しています。そして、ニューロン3は合成された入力信号uの大きさに応じて出力信号を出します。

このニューロン3が発する出力信号の値は、f(u)という、一見すると難しげな関数で書かれていますね。これは**「シグモイド関数」**と呼ばれるものです。この**シグモイド関数は、人間のニューロンにおける入力信号と出力信号の関係を数式で表したものです。**つまり、先ほど説明したように、

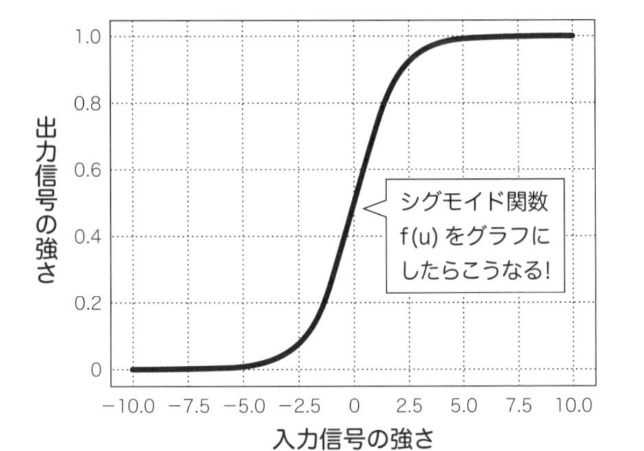

図表1-3　ニューロンの信号を表すシグモイド関数

「入力信号の合算値が一定レベル以上のときだけ信号を発する」ということを数式で表したもので、図表1-3のような形をしています。

このグラフの形を見ると、入力信号（横軸）が小さいときは出力信号（縦軸）はゼロですが、入力信号があるレベル以上に強くなると出力信号が急に強くなります。グラフの中心付近が、出力信号が強くなり始める入力信号のレベルを表しています。

ニューラルネットワークには、人間の脳をまねするために、このシグモイド関数が組み込まれています。40ページの図表1-2でニューロン1とニューロン2からの入力信号が重みを考慮して合算され、その合算値uをシグモイド関数に代入した結果f(u)がニューロン3からの出力信号となるわけです。

ニューラルネットワークと脳の共通点

人間の脳内ではニューロンがシナプスを通して他のニューロンと電気信号をやりとりしていて、それぞれの結合ごとに重み（入力信号をどれだけ重視するかの度合い）が設定されているという話をしました。

人間の脳全体では約150兆個ものシナプス結合があると言われていますが、この結合全てに重みが設定されていて、さまざまな事柄を学習していくことでその重みが変化していきます。

ニューラルネットワークも、これと同じしくみで学習を行います。

人間が参考書を使って学習するように、ニューラルネットワークにも学習のための教材が必要になります。参考書には問題とその解答が多数載っていて、それを学習することで生徒は学力をつけていきますね。

ニューラルネットワークも同じで、**まず人間（大学の研究者や企業のデータサイエンティストなど）が正解付きの学習用データを大量に作成して、それをニューラルネットワークに学習させていきます。**

たとえば、顔の画像から年齢を当てるようにニューラルネットワークに学習させるとしましょう。このときの学習用データは、顔写真とその人の実際の年齢がセットになったデータです。

40ページの図表1-2で説明すると、学習データを読み込みながら、ニューロン1と2に入力信号を入れたときにニューロン3から正解が出るように、重みw_1とw_2の値を少しずつ調整していきます。そして、学習データにおける（入力値，正解）の組み合わせとなるべく近い結果を出せるw_1とw_2の値を見つけるわけです。そうすることでニューラルネットワークの学習が完了します。

コンピューターは言葉の“意味”を理解できるか？

人間の言葉（＝自然言語）をコンピューターが扱えるようになったというのは革命的な出来事でしたが、その裏では、技術者によるいろいろな創意工夫がなされています。

人間とコンピューターの最大のちがいのひとつとして、コンピューターは数字しか扱えないという点があります。色も映像も音声も、コンピューターの中では数字に置き換えられて処理されています。

たとえば、コンピューターの画面にモナリザの絵が映っているとしましょう。人間から見るとそれは美しい「絵画」ですが、コンピューターの中では、画面のどの部分にどの色を表示すべきかを表す色番号が羅列されたデータの塊があるだけです。

同じように人間の言葉についても、コンピューターで扱うにはまず数字に置き換える必要があります。

そこで、**ＡＩに人間の言葉（＝自然言語）を処理させるために、ニューラルネットワークを使って単語の「意味」を数字で表現するということをやっています。**この「意味の数値化」はＡＩに自然言語を処理させるための土台となる非常に重要な技術です。

ただし、意味を数値化するといっても、ＡＩに単語の意味を直接教えるということはできません。というのも、Ａ

Ｉは計算しかできないので、何らかの形で計算ができる手順に落とし込んであげないと処理できないからです。

単語の「意味」なんていう哲学的な概念そのものをＡＩが理解することはできません。

そこで、ＡＩ向けに、意味の似た単語を見分ける手順を教えてあげる必要があります。

では、どのように単語の意味を規定するかを見ていきます。まず、ＡＩは、その単語が含まれる文章や前後の文章には他にどんな単語が出てきているかに着目します。このように、**ある単語の周辺に現れる語彙（ごい）のことを「周辺語」といいます。意味が似ている単語同士は、この周辺語が似ていたり、重なるものも出てくると考えられます。つまり、この周辺語を見ていくことで、意味の似た単語を分類できるのです。**

たとえば、文章の中でeat（食べる）という単語の周辺に出てくるのは、apple（リンゴ）やbread（パン）、fork（フォーク）、plate（皿）といった食べ物や食事に関係するものが多く出てきそうです。

また、cooking（料理）の周辺語を調べると、もしかしたら重なってくるかもしれません。一方、あえて極端な例を出せば、computer（コンピューター）やnetwork（ネットワーク）のようにeatとは意味的つながりの薄い単語が出てくる確率は低いでしょう。周辺語が似ている単語同士は意味も似ていると言えそうです。

この発想をもとにすれば、ＡＩにも、意味が似ている単語を見分けることができるようになります。

「周辺語が似ているならば意味が似ている」と考えて、周辺語の似ている度合いを数値として表せばよいわけです。

そうすれば、eatとbreadは意味が近い（食べ物関係）、eatとcomputerは意味が遠いというようなことがＡＩにも判断できるようになります。

もう少し突っ込んだ理解をしたい方のために、さらに詳しくお話しします。つまり、上記の考え方をもとにすれば、本来の「単語の意味を数値化する」という課題を、「周辺語に基づいて単語を分類する」という課題に置き換えることができます。

ただし、本来の課題は「単語の意味を数値化する」ということでした。上記で意味の似た単語とそうでない単語を区別することはできますが、数値化はどうするのでしょうか？

実は、「その単語の周辺にどんな単語が出てくるかを予測する（つまり、周辺語を予測する）」という課題をニューラルネットワークに学習させることによって、求めている数値が自然と得られるのです。

先ほど、ニューラルネットワークの学習はニューロン同士の結合の「重み」を調整することで行われると説明しました。

$$u = w_1x_1 + w_2x_2 \quad f(u) = \frac{1}{1+e^{-u}}$$

人間の脳と同じように、学習によって、より頻繁に使われる結合の重みは大きくなり、あまり使われない結合の重みは小さくなっていきます。

似た意味の単語は周辺語も似ているので、上記のニューラルネットワークは似た意味の単語がインプットされた場合は似た予測を出力する必要があります。そのため、結果として似た意味の単語同士は学習結果としての「重み」の値も似てきます。

逆に、意味が離れている単語同士は学習の内容が異なるため、「重み」の値も大きく異なるものになります。ということは、この「重み」そのものが、単語の意味を数値化したものとみなせるのです。

具体的にどのように行われているのかを5つのステップで解説しましたので、さらに詳しく知りたい方は、よろしければ次の項もご覧ください！

★★★詳しく知りたい人向け

単語の意味を5ステップで数値化する

より具体的なイメージを持っていただくために、ニューラルネットワークを使って単語の意味を数値化する手順を見てきましょう。

ここから先はやや込み入っているので、この話題はお腹いっぱい……という方は読み飛ばしてくださってもかまいません。

単語の意味を数値化するには、次の5つのステップがあります。

〈単語の意味を数値化するプロセス〉

Step1. 隣接する何単語を周辺語として抽出するか決める

Step2. 単語と周辺語のペアからなる学習データを大量に作る

Step3. Step2で作成した学習データを使ってニューラルネットワークに学習させる

Step4. ニューラルネットワークの学習結果を確認する（学習の結果として得られた「重み」を、単語の意味が数値化されたものとして利用する）

Step5. 意味の近さを「コサイン類似度」で計る

Step1：隣接する何単語を周辺語として抽出するか決める

42ページでも紹介しましたが、周辺語とは図表1-4のように、ターゲットとしている単語の周辺に出現する単語のことです。隣接する何語までを周辺語とみなすかについては明確な決まりはないので、ニューラルネットワークの訓練をする研究者やデータサイエンティストが状況に応じて決定します。

たとえば、「I want to eat an apple today.」という文章があるとしましょう。eatという単語に隣接する1単語のみを「周辺語」として抽出する場合は、「to」と「an」が選ばれます。隣接する2単語を抽出する場合は、「to」と「an」に加えて「want」と「apple」が選ばれます。

このようにして、どこまでを周辺語とするのかをまず決めます。

前後の１単語	I want to eat an apple today.
前後の２単語	I want to eat an apple today.
前後の３単語	I want to eat an apple today.

図表1-4　周辺語の抽出

Step2：単語と周辺語のペアからなる学習データを大量に作る

インターネットなどから大量の文章を集めて、そこから単語とその周辺語のペアを抽出していきます。

周辺語のデータを作っていく過程を図表1-5に示しました。ここでは、隣接する2単語を周辺語としてピックアップしています。

文章を左側から右側へスライドしながら（単語，周辺語）のペアを抽出していきます。この作業を何千何万という膨大な文章について行っていくことで、周辺語のデータセットが大量にでき上がります。

これは英語の例ですが、日本語でも同様の方法で周辺語の学習データを作ることができます。

ただし、日本語の文章は英語とちがって単語と単語の間

単語と周辺語	学習データ
The crying baby suddenly laughed when she saw the cat.	(The,crying) (The,baby)
The crying baby suddenly laughed when she saw the cat.	(crying,The) (crying,baby) (crying,suddenly)
The crying baby suddenly laughed when she saw the cat.	(baby,The) (baby,crying) (baby,suddenly) (baby,laughed)
The crying baby suddenly laughed when she saw the cat.	(suddenly,crying) (suddenly,baby) (suddenly,laughed) (suddenly,when)

図表1-5　周辺語の学習データを作成する過程
（隣接する2単語を周辺語としてピックアップする場合）

にスキマがないため、どこが単語の区切りなのか、コンピューターが判別しづらいという問題があります。これを補う単語の区切りを判別するという手順が追加で必要になり、その分プロセスがより複雑になるのです。そのため、今回は英語を例に説明していきます。

Step3：Step2で作成した学習データを使ってニューラルネットワークに学習させる

Step2で作った周辺語の学習データをニューラルネットワークに学習させます。**単語と周辺語のペアを大量に学習させることによって、ある単語の周辺にどういった単語が出てきやすいかをニューラルネットワークが学ぶわけです。**

この学習結果が、ニューラルネットワークにおけるニューロン間の結合の「重み」として刻まれます。

上記の手順を行うためのニューラルネットワークがどんなものか、具体例を図表1-6に示しました。

図中の○はニューロンを表していて、ニューロン同士を結ぶ直線は信号が伝わる方向（すなわちシナプス）を表しています。

たとえば、このニューラルネットワークに、「apple」の周辺語として「orange」を学習させたとしましょう。すると、ニューラルネットワークはappleの周辺語としてorangeという単語があるのだということを学び、そう答えられるようにシナプスの結合の強さ（＝重み、つまりw_1とw_2）を調整します。図表1-6の実線の矢印の経路で信号が伝わり、結合が強くなる（重みが大きくなる）のです。

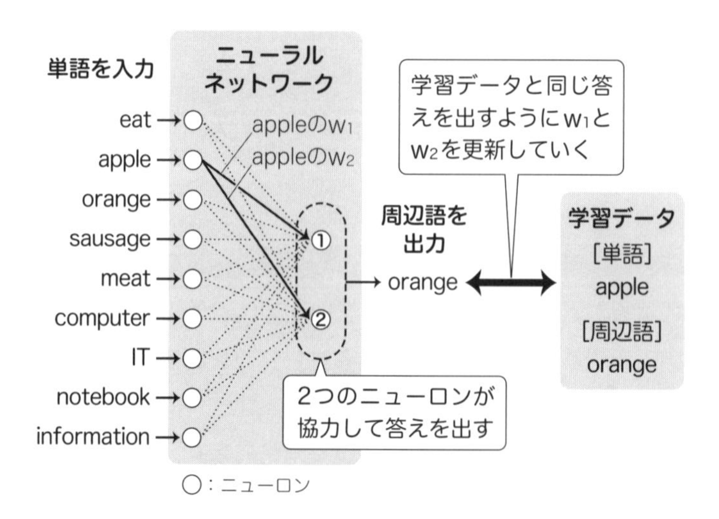

図表1-6　ニューラルネットワークの例

Step4：ニューラルネットワークの学習結果を確認する

ここでは、それぞれのニューロンの重みを2つの「w_1」、「w_2」としましょう。学習の結果、それぞれの単語における重みは図表1-7のようになりました。

このままだと意味の近さと数値の関係がわかりづらいので、図表1-8のようにグラフで表してみましょう。

	w_1	w_2
eat	13	35
apple	11	32
orange	12	36
sausage	12	33
meat	14	30
computer	2	23
IT	3	22
notebook	3	25
information	4	24

図表1-7　学習された重み(例)

グラフで表すと、意味が近い単語同士が近い位置にいることがわかるでしょう。**意味が近い単語同士は学習結果の「重み」も近くなるので、グラフにしてみると近くに集まるのです。**

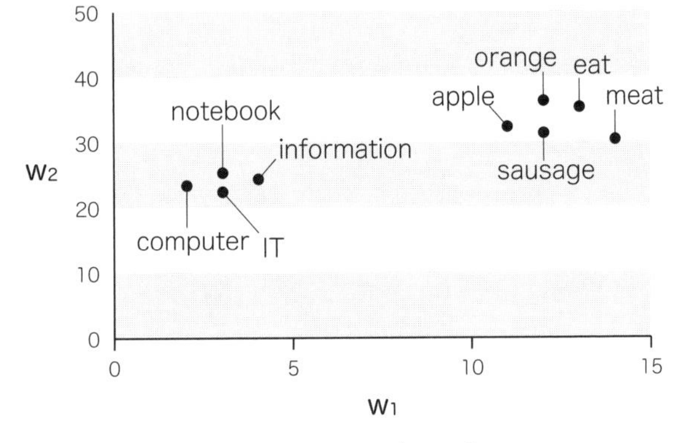

図表1-8　学習された重みをグラフで表したもの

ここで注意ですが、**「重み」は数値で表されるものの、その数値自体に何か意味があるというわけではありません。ここでは、重みの数字が近いかどうかという点のみが重要です。**

Step5：意味の近さを「コサイン類似度」で計る

さて、重みの値が近いかどうかという点が重要なのだという話をしました。そして、重みをグラフ化したときに、意味が似た単語は近い位置に来ることがわかりました。ただ、目分量で近いか遠いかを判断するのでは基準があいまいすぎますね。そこで、意味の近さを数値化することを考えます。

意味の近さは「重み」として既に数値化されているじゃないかと思われるかもしれませんが、数値が複数（図表1-7でいえばw_1とw_2）あるのでまだ少しわかりづらいです。できれば、1つの数値で意味の近さを表したほうが使い勝手がよさそうです。

そこで図表1-9のように、グラフの原点（縦軸と横軸の値が共にゼロの点）から各単語まで矢印を伸ばして、その間の角度を意味の類似度の基準と考えます。

似た意味の単語は似た位置に集まっているので角度が小さく、意味の遠い単語は離れた位置にあるため角度が大きくなります。つまり、**意味の近さを角度で置き換える**ことができるのです。

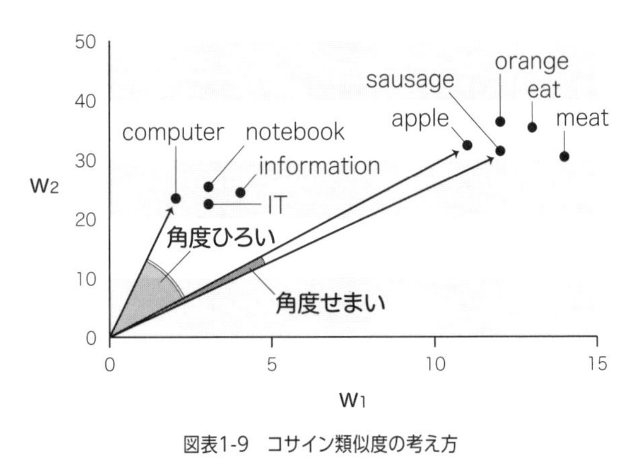

図表1-9　コサイン類似度の考え方

ただし、角度だとまだ少しわかりにくいので、三角関数の「コサイン」（直角三角形の底辺の長さを斜辺の長さで割った値）を使ってもっとわかりやすい数字にするのが一般的です。

というのも、コサインの値は角度が0°（意味がほぼ同じ）のときに1、角度が180°（意味が全然ちがう）のときは－1になるので、**コサインを使うと意味の近さを－1から1までの数値で表すことができる**からです。

つまり、意味が遠いほど－1に、似ているほど1に近くなる値として意味の近さを表せます。

さて、ここまで長い道のりでしたが、人間の脳をまねたニューラルネットワークがどのようなものかについて、具体例を交えてお話ししてきました。

「人間の脳をまねよう」という発想は、だれにでもできるかもしれません。しかし、それを実行に移せたのは、脳のしくみを数式で表したマカロックとピッツの研究があればこそでした。アイデアを形にするために、数式が起爆剤となったのです。ここに、数式の持つ創造性が現れています。

数式は、ものの理（ことわり）を明確にし、他のものへの応用を可能にします。数式がなければ、脳の研究が人工知能を生み出すことはなかったでしょう。

☆☆☆よだん

ニューラルネットワークと脳のちがいは？

自然言語処理のしくみを知ると、コンピューターが単語の“意味”を理解しているわけではないのだなということがわかります。というのも、ニューラルネットワークはあくまで周辺語を当てるというタスクをこなせるように訓練されたにすぎず、単語の「意味」を直接教えられたわけではないからです（というか、「意味」をコンピューターに教える手段がない）。

しかし、そもそもニューラルネットワーク自体が、人間の脳を模倣した技術です。私たちの脳だって、目や耳からの情報を元に脳に電気信号が流れ、シナプス結合の重みが変わることで学習しているにすぎません。

けれども、私たちの脳は単語や文章の“意味”を理解できています。

ニューラルネットワークと私たちの脳は、いったい何がちがうのでしょうか？　この質問に明確な答えはないかもしれませんが、頭の体操としてはおもしろいテーマではないでしょうか。

CHAPTER.2

数式でわかる人間の

満足度が
増えにくくなる度合い

価値関数

$$v(x)=\begin{cases} x^{\alpha} \\ -\lambda(-x)^{\beta} \end{cases}$$

損失回避性の強さ
（得より損に何倍敏感か）

損が大きくなるほど
感覚がマヒしていく。その度合い

損得感情

利益（マイナスの場合は損）

$$(x \geqq 0)$$

$$(x < 0)$$

行動経済学はここから始まった

どんな分野の数式なの？

経済学で使われるよ。

何に使われている数式なの？

人が損得をどう感じるのかを表した数式なんだ。

この数式を理解すると、自分自身の心にひそむ不合理さについて深く知ることができるよ。

何がきっかけで、この数式が産まれたの？　世の中のどんな課題を解決したのかな？

それまでの経済学では、人間は常に合理的な判断ができるという仮定の上で理論が組み立てられていたんだ。

だけど、心理学の発展で、現実の人間には非合理的な判断をする心のバイアスがあることがわかってきた。

そこで、必ずしも合理的ではない実際の人間の行動を組み込んだ、より現実的な経済学が求められるようになったんだ。

$$v(x)=\begin{cases} x^{\alpha} & (x\geqq 0) \\ -\lambda(-x)^{\beta} & (x<0) \end{cases}$$

この数式によって、世界はどう変わったんだろう？

人の不合理さを理論に組み込んだ経済学のことを「行動経済学」と呼ぶよ。やさしい本もたくさん出ているから、最近よく耳にするんじゃないかな？

行動経済学は、その名の通り、消費行動のような現実の人間の行動を説明したり予測できるから、企業の販売戦略への応用も広がっているよ。

資産運用の世界でも、お客さんの心のバイアスに配慮した運用手法の提案をするのに使われる。

こんなふうに、行動経済学はビジネス界で最も重視される理論のひとつになったんだ。

昨日パチンコで大負けしたのに、なぜ今日もやるの？

あなたは合理的な判断ができる人でしょうか？「もちろんYes！」と言いたくなるかもしれませんが、心理学者や経済学者の長年の研究結果をふまえると、答えは「No」です。

でも気にすることはありません。あなたに限らず、**人間すべてが不合理だというのが科学の結論です。**不合理なのが人間の本質であり、私たちは自分の心の不合理さとうまくつきあっていくしかありません。そのためには、自分の心がどのように不合理なのかを知る必要があります。このChapterで紹介する数式は、まさにそれを教えてくれるものです。

この数式は経済学における最も重要な数式のひとつです。というのも、人が何かを売ったり買ったりするときには、無意識のうちに心のバイアスが判断に影響を与えていることがわかっているからです。ですから、心のバイアス（＝不合理さ）を表すこの数式は非常に重視されています。

とはいうものの、この数式ができたのはほんの数十年前であり、それまで長い間、経済学は人の心のバイアスを無視してきました。それには、経済学の発展の歴史が関係しています。

働いてお金をかせぎ、そのお金でいろいろなものを買って使うという活動のことを、やや難しい言葉で「経済活動」といいます。そして、経済活動によって世の中を豊かにしていくために、人間社会におけるお金と仕事の法則性を研究する学問が「経済学」です。

経済学が本格的に研究され始めたのは18世紀からです。スコットランドの哲学者・経済学者アダム・スミスが1776年に『国富論』を出版し、その中で国家と経済活動について論じるなど、この時期すでに経済学は人々の高い関心をあつめ、研究が盛んでした。一方、その時代はまだ心理学という学問そのものが存在していませんでした。

人の心が研究対象として認識され始めたのは、19世紀にフロイトが精神分析を提唱してからです。

こういった歴史的な背景もあり、経済学は、長らく人間の心の複雑さというものを考えに入れていませんでした。**人間はいつも合理的であり、経済的に見て自分にとって有利な判断を行うことができるとみなされていたのです。**

このような、従来の経済学が仮定していた人間像のことを**「ホモ・エコノミクス」**と呼びます。ホモ・エコノミクスは常に合理的で、自分の利益を最大にする選択肢を必ずとることができると想定されます。

けれども、現実の人間は本当に「ホモ・エコノミクス」なのでしょうか？　心理学が発展してくると、そうではないということが明らかになってきました。

人間はだれしも、自分から進んで損したいなどとは思っていません。けれども、客観的に見れば損な行動をとってしまうことがよくあります。
こういった話をどこかで聞いたことはありませんか？

・「パチンコで負けてしまい、次こそはとさらにつぎ込む」
・「恋人と別れたくなくてストーカーまがいのことをする」
・「友人の投資話を信じて次々と借金をする」

などなど。損をしたくないはずなのに、なぜ損をこじらせるような行動をとるのでしょうか？

リスクに近づくとき、遠ざかるとき

心理学者のダニエル・カーネマンとエイモス・トベルスキーは、人間をホモ・エコノミクス（完全に合理的な存在）とみなす当時の経済学に疑問を抱いていました。そこで、経済学の大前提であるホモ・エコノミクスが誤った考え方であることを示すため、大規模な心理学実験を行いました。
カーネマンが行った実験は、たとえば次のようなものです。
質問1と2で、あなたはどちらを選ぶでしょうか？

質問１：あなたはどちらを選びますか？
選択肢Ａ：無条件で5000円を受け取れる

$$v(x)=\begin{cases} x^{\alpha} & (x \geqq 0) \\ -\lambda(-x)^{\beta} & (x<0) \end{cases}$$

選択肢Ｂ：コインを投げて表が出れば11000円を受け取れる。裏が出れば何も受け取れない

質問２：あなたはどちらを選びますか？

選択肢Ａ：無条件で5000円を没収

選択肢Ｂ：コインを投げて表が出れば11000円を没収。裏が出れば何も奪われない

この質問をすると、質問1では大部分の人が選択肢Ａを選ぶとされます。不確実なＢよりも、より確実に利益が得られるＡを選ぶということです。

ここでポイントなのは、選択肢Ｂは五分五分の確率で11000円を受け取れるので、平均的には5500円を得られる選択肢であり、選択肢Ａよりも利益が高いという点です。

それにもかかわらず多くの人がＡを選ぶのは、人間には不確かな選択肢を避ける傾向、つまり、リスクを回避しようとする「リスク回避的」な傾向があるからです。

このリスク回避自体は、合理的な判断といえます。というのも、不確実な選択肢は悪いほうに転ぶ（選択肢Ｂの場合はコインの裏が出てしまう）可能性もあるわけですから、金額は少し下がるけれどもより確実な選択肢Ａを選ぶというのは、合理的な判断といえるからです。

問題はここからです。質問2では、選択肢Ａを選ぶと5000円を確実に失います。一方、選択肢Ｂは五分五分の

確率で11000円を奪われるので、平均で5500円を失う選択肢だということになります。

人間がリスク回避的なのであれば、選択肢Ａの方が不確実性もないし選択肢Ｂよりも失う金額が少ないので、多くの人が選択肢Ａを選びそうなものです。しかし実際に聞いてみると、質問2では大部分の人が選択肢Ｂを選びます。

このように、リスクの高い選択肢をあえて選ぶ傾向のことを、「リスク愛好的」と呼びます。

以上の心理学実験の結果を見てみると、**人間は利益についてはリスク回避的にふるまい、損失についてはリスク愛好的にふるまう**ということになります。

ちょっとわかりにくかったかもしれませんが、具体的にどこが不合理なのかというと、先ほどの質問2で選択肢Ｂを選んでしまうという点です。

その理由は、人が無意識に損失の確定を回避しようとしているからだと考えられています。選択肢Ａを選んだ瞬間に損が確定してしまうので、それを避けるために選択肢Ｂを選ぶということです。このように、**損失を回避したがる心の性質のことを「損失回避性」と呼びます。**

日常に当てはめて考えると、なるほどと思うこともあるのではないでしょうか？　ギャンブルの負けをギャンブルで取り返そうとする行動などがよい例です。**損を避けたいという気持ちが強いあまりに、自分が損をしたのだという**

事実を認められず、損を取り返そうとして深みにはまっていくのです。

未練がましい人間、いさぎよいAI

著者は資産運用の仕事をしていますが、同じことが資産運用の世界でもよく見かけられます。たとえば、株式投資では、ある企業の株を値上がりすると思って買った後、思惑が外れて値下がりした場合はすぐに売った方がよいとされます。予想が外れたことを潔く認め、損失が大きくなる前に手を引いた方がよいということです。

このような判断は、損が大きくなる前に切り捨ててしまうということから「損切り(そんぎ)」と呼ばれています。

しかし、いざこのような事態に直面すると、多くの人はなかなか損切りができません。

「今はたまたま下がっているだけで、しばらくすると上がるのではないか。もし損切りしたあとに値上がりが始まったら、くやしくてたまらないじゃないか……」などと考えて損切りができず、結局、損失が大きくなってしまうケースが多いのです。

これも、損失についてリスク愛好的（株を持ち続けるという、リスクの高い選択肢を選んでしまう）な、すなわち不合理な判断をしてしまっている状況です。

金融機関に勤める資産運用のプロでも、こういった心理バイアスの影響を受けて損失を拡大させてしまうことがあります。

そのため、金融機関は多くの場合、損失が発生した際に従うべきルールを事前に定め、取引を行う人すべてに強制しています。たとえば、「損失が20％に達した場合は損切りを行う」といったルールです。そうやって会社の方針としてルールを強制しておけば、迷うこともないからです。

加えて、最近では資産運用にＡＩ（人工知能）を活用する試みも広がっています。ＡＩは人間ではないので、心理バイアスの影響を受けずに判断をすることができます。この強みを活かして、ＡＩが人間の資産運用担当者にアドバイスをするのです。

人間の運用担当者は、気付けていなかった自分自身の心理バイアスに、ＡＩのアドバイスのおかげで気付けるということです。著者自身も、そういったアドバイザー型のさまざまなＡＩを開発して勤務先の資産運用に利用しています。

会社によっては、人間ではなくＡＩに売るか買うかを判断させているところもあります。アドバイス役ではなく、ＡＩ自身が判断するということです。

そういったＡＩによる取引は、コンピューター上のルール（＝アルゴリズム）に基づく取引ということで「アルゴリズム・トレーディング」と呼ばれ、世界中でどんどん広がっています。

$$v(x)=\begin{cases} x^{\alpha} & (x \geqq 0) \\ -\lambda(-x)^{\beta} & (x<0) \end{cases}$$

カーネマンとトベルスキーは、こうした実験を通じて不合理な行動の法則性を発見していきました。

“不合理”なのに“法則性”があるというのも奇妙な話ですが、先ほどの実験結果のように、不合理性については、多くの人に同じような傾向があることが心理学の実験によってわかってきたということです。

つまり、**人間の不合理さは人によってバラバラなのではなく、皆に共通する法則性があった**のです。

そして、その法則性を数式化したものが冒頭の数式であり、この数式に基づく経済学理論のことを**「プロスペクト理論」**と呼びます。

プロスペクト理論は、1979年にカーネマンとトベルスキーにより提唱され、カーネマンはその業績により2002年にノーベル経済学賞を受賞しています。

なぜ心理学者であるカーネマンがノーベル経済学賞を受賞したかというと、プロスペクト理論が、**人間がどう損得の判断をして行動するかを膨大な心理学データに基づいて理論化したものであり、経済学の研究にそのまま応用できる**ものだったからです。いわば、心理学と経済学を結びつける懸け橋のような理論だったわけです。

この理論をきっかけにして、心理学と経済学を融合した**「行動経済学」**という新しい学問分野が誕生しました。

プロスペクト理論とそれ以前の経済学理論の最も大きなちがいは、プロスペクト理論が人間の不合理な側面も含めて理論に取り入れたという点です。

それまでの経済学では、人間は常に合理的な存在であり、経済学的に見て最適な判断を常に下すことができるとみなされていました。しかし現実の人間は、先ほどの例で見たように不合理な判断をしてしまうことが頻繁にあります。こういった不合理な側面も含めて説明できるのがプロスペクト理論です。

「プロスペクト理論」ってどんな理論?

ここから、プロスペクト理論がどういう理論なのかを見ていきましょう。人の心の本質に迫る大変おもしろい理論なので、楽しみにしていてください。

まず、経済学では、人は自分の満足度を高めるように行動すると考えます。この考え方はプロスペクト理論に限った話ではなく、従来の経済学も含めてそのような考え方をします。私たちがモノやサービスを購入するのは、それを消費することで自分が満足したいからだと考えるのです。

自分の満足につながらないものにお金を払う人はいないでしょう。ですので、**人が満足をどう感じるかということが経済学の議論の出発点です。**

プロスペクト理論では、人の満足の感じ方には次の3つの特徴があると考えます。これは、カーネマンとトベルスキーが行った膨大な心理学実験のデータから導き出された

$$v(x)=\begin{cases} x^{\alpha} & (x \geqq 0) \\ -\lambda(-x)^{\beta} & (x<0) \end{cases}$$

結論です。

まずは項目を挙げて、そのあとで具体的に説明していきます。

① **参照点依存性**：損得判断は相対的なもので、人は今の状況（＝参照点）を基準に損得を判断する

② **満足度の逓減**（ていげん）：毎日同じメニュー、服、過ごし方などを繰り返していると、飽きて満足しにくくなる

③ **損失回避性**：人は利益より損に敏感で、利益を得ることより損を避けることを優先する

これら ① ～ ③ の性質を数式で表したものが冒頭の価値関数と呼ばれる数式なのですが、それは後のお楽しみとして、まずはこれら ① ～ ③ についてさらに詳しく説明します。

① 参照点依存性

損得判断の基準は人それぞれということです。

たとえば、勤務先から、来年の年収が500万円になると通告があったとします。この金額の価値をどのように捉えるでしょうか？

仮に今のあなたの年収が400万円だったとすれば、500万円は昇給を意味するため、あなたは100万円の「得」と感じることでしょう。一方、今の年収が600万円だったとすれば、500万円は減給を意味するため、あなたは100万

円の「損」と感じるでしょう。

　つまり、**人は自分自身の現状よりも悪くなることを「損」、良くなることを「得」と感じるのであり、だからこそだれから見ても共通な損得の絶対基準はない**ということです。

　プロスペクト理論では、損得判断の分かれ目となる現状の状況のことを**「参照点」**と呼び、人が感じる満足や不満足が参照点に依存するという性質を**「参照点依存性」**と呼んでいます。

　上記の例でいうと、現在の年収が400万円の人の参照点は400万円、現在の年収が600万円の人の参照点は600万円ということになります。

② 満足度の逓減

　同じモノやサービスを繰り返し消費していると、だんだん飽きて満足しにくくなるという性質のことです。

　仮に、私たち人間全員が「どら焼きさえ食べていれば大満足」というドラえもん的嗜好（しこう）の持ち主であれば、世界にはどら焼き製造会社しか存在しなかったはずです。なぜならば、どら焼きさえ売っていればいくらでも儲けられるため、それ以上の工夫、つまりどら焼き以外の商品を考え出す必要がないからです。

　しかし、現実は、ほとんどの人間は、どら焼きを食べれば食べるほど満足するわけではなく（もちろん、そういう大のどら焼き好きもいますが）、大抵の人は2〜3個食べたところで“どら焼きはもういいや”となり、他のものを食べたり

$$v(x)=\begin{cases} x^{\alpha} & (x\geqq 0) \\ -\lambda(-x)^{\beta} & (x<0) \end{cases}$$

飲んだりしたくなります。

このように、**人はひとつの商品ばかりを消費していると、だんだんと満足度の増加が緩やかになっていきます。**このような性質のことを、経済学の専門用語で**「限界効用逓減則」**（げんかいこうようていげんそく）と呼びます。

限界効用逓減則という言葉の由来を一応説明しますと、“効用”とは、満足度を意味する経済学の専門用語です。

満足という言葉をそのまま使えばいいじゃないかと思うかもしれませんが、そうはいきません。というのも、満足という言葉は日常よく使われていてさまざまな意味を持ってしまっているので、経済学で厳密に議論するために、別の呼び名を使っています。意味合いとしては満足度を表していると考えて差し支えありません。

そして“限界”とは、経済学では増加分を意味する言葉です。つまり、“限界効用”とは満足度の増加分を表す言葉であり、それが逓減（＝次第に減ること）していくということです。

限界効用逓減則があるので、私たちは1つの商品だけでは十分な満足が得られず、いろいろなものを手に入れたがります。

たとえば、今日のランチ代として1000円を使えるときに、それで1杯100円のコーヒーを10杯頼むという方は非常に稀でしょう。多くの方はパスタ、コーヒー、デザートなど複数のメニューを注文すると思います。

これはつまり、複数の商品（この場合は飲食物）を消費（ここでは食べること）したほうが高い満足度を得られると無意識にわかっているので、そのような行動をとるわけです。

このように、現代社会が無数のモノやサービスで溢れかえっているのは、私たちがより高い満足を得るには、多様な消費、つまりさまざまな種類のモノやサービスを購入する必要があるからです。

つまり、**限界効用逓減則が、私たちの経済活動の多様性につながっている**と言えます。

③ 損失回避性

人は得をすることよりも損をすることに、より敏感であり、より得をするような行動よりも、無意識に損失を回避する行動を優先するという性質です。このことは、初めの方で紹介した心理学実験の話で出てきましたね。その理由は、人が無意識に損失の確定を回避しようとしているからだと考えられています。

損を避けたいという気持ちに支配されるあまりに、自分が損をしたのだという事実を認められず、損を取り返そうとして深みにはまっていくのです。このように、損失を回避したがる性質のことを「損失回避性」と呼びます。

人の価値判断を表す「価値関数」

人がどう満足を感じるかということを3つの特徴で整理

$$v(x)=\begin{cases} x^{\alpha} & (x\geqq 0) \\ -\lambda(-x)^{\beta} & (x<0) \end{cases}$$

しましたが、これを数式化したものが「価値関数」と呼ばれている冒頭の数式になります。数式そのものを見ていてもピンときづらいので、グラフを描いてみましょう（図表2-1）。そうすると、価値関数の意味するところが見えてきます。

・価値関数をグラフで表したもの

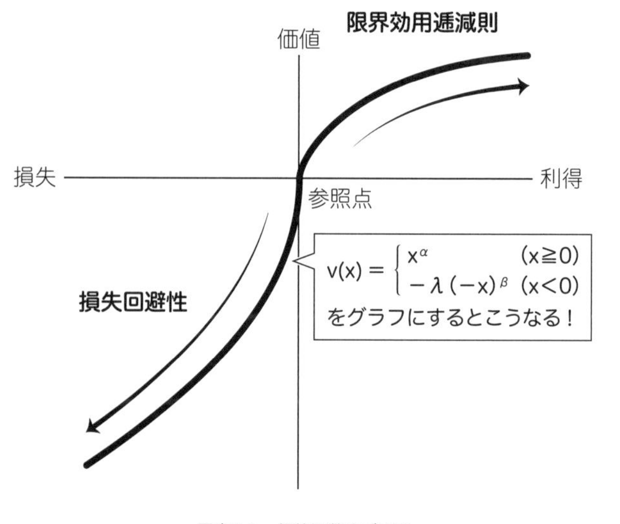

図表2-1　価値関数のグラフ

図表2-1の曲線が価値関数のグラフです。参照点を境にグラフの形が変わっているのがわかると思います。このグラフは、利益や損失を経験したときに感じる価値の大きさを表しています。横軸が利得や損失の度合い、縦軸が価値（＝満足度）です。

参照点より右側は、人が金銭的な利益を得たり何かを消費したりして満足度が増える状況を表しています。右側に行くほど価値関数の傾きが緩やかになっていっていますね。

これは、同じモノやサービスを何度も消費すると次第に満足度の増加が緩やかになっていくこと、すなわち限界効用逓減則を表しています。

価値関数にはもう一つ注目すべきポイントがあって、それが縦軸より左側、すなわち損失に対する心の反応です。こちらは、右側（利得）よりもグラフの傾きが急になっていることがわかるでしょう。つまり人間は得よりも損に敏感であり、損失を認識すると急な坂を転がり落ちるように満足度が低下するということを表しています。

この部分は、先ほど説明した「損失回避性」についての実験結果を反映したものです。つまり、損を認めると満足度がすごく下がってしまうので、それを避ける行動に出るということです。

価値関数に登場する文字の意味とは

価値関数がどんなものかわかったところで、この関数に登場する文字について説明しましょう。それぞれの文字の意味がわかると数式への理解が深まり、ひいては自らの心についての理解も深まるからです。

説明のために、ここでもう一度、価値関数の式を見てみ

$$v(x)=\begin{cases} x^{\alpha} & (x\geqq 0) \\ -\lambda(-x)^{\beta} & (x<0) \end{cases}$$

ましょう。

$$v(x)=\begin{cases} x^{\alpha} & (x\geqq 0) \\ -\lambda(-x)^{\beta} & (x<0) \end{cases}$$

まず、得や損の度合いはx（横軸）として表されています。

得より損を何倍敏感に意識するかは、λ（ラムダ）というギリシャ文字で表されています。 さまざまな研究によると、このλの値はおよそ2だとされています。つまり、人は得より損を2倍も重く受け止めるということです。

そして**α（アルファ）は、限界効用逓減則がどれくらい強く効くかを表しています。** 復習になりますが、限界効用逓減則とは、同じモノやサービスの消費を続けると満足度の増え方が小さくなってくるという法則のことです。αの値が小さいほど、限界効用逓減則が強く効く（すぐ飽きて満足度が増えなくなる）ことを意味します。

β（ベータ）は少し難しいのですが、損が大きくなると感覚がマヒしていくという状況を表したものです。 損失が1万円から2万円に増えたときの悲しみと、100万円から101万円に増えたときの悲しみでは、同じ－1万円でも前者の方が大きいでしょう。というか、100万円も失ったら、もうどうでもよくなって、1万円程度では今さら心が動かなくなります。こういった心の鈍りを表すのがβです。βの値が小さいほど、心のマヒが起きやすいことを意味します。

「損を取り返したい」気持ちが破滅を呼ぶ!?

損失回避性は、原始時代には生きるために不可欠の性質だったと考えられます。太古の昔の狩猟生活では、大きな獲物をとればたくさんの肉が食べられますが、大きな獲物ほど攻撃力も高くリスクが伴います。獲物に角で突かれて命を落としたら、それで自分も家族もおしまいです。

つまり古代の人間にとっては、利益追求よりも損失回避（大ケガや死亡の回避）のほうが生きる上で重要だったのです。だからこそ私たちの脳は、損失を回避したいという強い欲求に支配されています。

しかし現代のさまざまな状況に当てはめて考えてみると、この損失回避性はしばしば適切でない判断につながってしまうことがあります。

いくつか例を挙げてみます。

・恋愛の例

恋人に愛想を尽かされたことを認めたくなくて、LINEなどで一方的にメッセージを送りまくる人がいますが、これも「損失回避性」の心理バイアスに捕らわれているといえます。自分にとって損な状況（＝恋人と別れる）を確定したくないがために、なんとかよりを戻そうとする（＝その人にとっての参照点である「付き合っていた状態」に戻そうとする）わけです。

$$v(x)=\begin{cases} x^{\alpha} & (x \geqq 0) \\ -\lambda(-x)^{\beta} & (x<0) \end{cases}$$

それよりも、さっと見切りをつけて新しいパートナーを探すほうが合理的かもしれません。

・**結婚詐欺の例**

婚活サイトで知り合った男性からお金を貸してほしいと頼まれた。少しならいいかと貸したが、その後もあれこれ理由を言ってお金を借り続け、いつのまにか総額が数百万円に膨らんでしまった。そして、ある日突然、音信不通に……。このような例も、関係が壊れる（＝損失が確定する）ことを回避したいという心理を巧みに利用しているといえるでしょう。

これ以外にも、損失回避性は私たちの人生の意思決定にさまざまな形で影響を及ぼしてきます。

資産運用の世界が既にそうなっているように、もしかしたら個人の私生活における意思決定にもアドバイスをしてくれるＡＩが将来登場するかもしれませんね。「あなたは今こういう心理バイアスに捕らわれています。合理的な選択肢は次の通りです……」といったように。

このようなＡＩアドバイザーがもし登場すれば、世の中によい効果を与えるのではないかと著者は思っています。

人間には必ず「自分の立場」があるので、完全に相手の立場に立って考えるというのは難しいでしょう。しかし、ＡＩは人間ではないので、自分の立場や自己保身といったものの影響を受けず、純粋にその人の利益だけを考えたアドバイスをすることが可能です。それに、他人には言いづらいことも、相手がＡＩなら素直に相談できるという人もいそうです。

「心のバイアスを持たない知能」としてのＡＩの役割は今後ひろがっていくかもしれません。

「期間限定セール」もこの式のしわざ

この損失回避性はビジネスにも応用が可能な考え方で、実際にマーケティング戦略にもプロスペクト理論が応用されています。要するに、「損したくない」という気持ちに強く訴えかける販売戦略が考案されているわけです。

その代表的なものの1つが、期間限定セールです。期間限定ということで「今買わないと損」だと感じ、その時に買う必要がないものも買ってしまいます。

また、営業トークにも活用されています。たとえば、証券会社の営業マンが投資信託などを客に売りたいとき、利益にフォーカスして「資産運用で老後資金に余裕をつくりましょう」と説明するよりも、「資産運用で老後資金が足りなくなることを防ぎましょう」と損失に着目したほうが客の関心を引きやすいのです。

心理分析で発見した心の本質をひとつの数式にすることで経済学が大きく発展し、さらに多様な分野に応用が広がっていったことをお伝えしてきました。

$$v(x) = \begin{cases} x^{\alpha} & (x \geqq 0) \\ -\lambda(-x)^{\beta} & (x < 0) \end{cases}$$

数式は本質を明快に示す力を持つ世界共通語です。だからこそ、心理学者の作った数式が経済学者に気付きを与え、セールスパーソンや投資家などの仕事のやり方にも影響を与えていったのです。今後も行動経済学は、ますます応用の場を広げていくことでしょう。

CHAPTER.3

仮想現実を超リアル

$$q = a + bi$$

x軸方向の回転

にした数式

$$+ cj + dk$$

z軸方向の回転

y軸方向の回転

メタバースの視界はこれで作られる

どんな分野の数式なの？

仮想現実、メタバースの分野の源流といえる大切な式だよ。

何に使われている数式なの？

コンピューター映像において立体を回転させたときに、どう見えるかを計算するための数式なんだ。

四元数（しげんすう）（クォータニオン）と呼ばれているよ。

何がきっかけで、この数式が産まれたの？
世の中のどんな課題を解決したのかな？

3次元空間で物体を回転させたときに、回転後の姿勢がどうなるのかを計算する方法として、19世紀の数学者ハミルトンによって考案されたんだ。

ハミルトンがこの研究をしたのは純粋な学問的興味、つまり、純粋に数学の発展のためだったわけだ。

この数式によって、世界はどう変わったんだろう？

コンピューターの発達によって“第2の現実“となりつつある仮想現実世界を支えているよ。

20世紀の終わりごろになると、3DのCGを使ったゲームが登場しはじめたのは、みなさんも知ってるかもしれないね。

さらに21世紀に入ると、プレーヤーが仮想空間の中で生活を送れる「メタバース」が登場した。

メタバースや3Dゲームの世界では、常に主人公の視点で映像が切り替わっていく。

これをもっと突っ込んで説明すると、正面を向いていた主人公がユーザーの操作によって左を向けば、主人公の目に映る世界（つまりユーザーが見ているモニターに映る映像）は90°旋回することになるんだ。

現実世界では、人が首を動かせば、それに合わせて視点が切り替わるのは当たり前のことだね。でも、仮想現実の中でこれと同じことを実現するには膨大な計算が必要になる。

ユーザーの視点が旋回したとき、現実ならばどのように見えるのか、それに合わせると映像はどうなっているべきかをコンピューターが瞬時に計算し、その映像をモニターに映し出すわけだ。

この計算を、より具体的に言うと、視点の旋回した角度に合わせて映像データを回転させるという計算を行っていることになるよ。

回転の計算は複雑なので、いくらコンピューターといっても簡単じゃない。だけど、四元数を使えばたやすく計算ができるんだ。

オンラインゲームやメタバースにおいては、無数のユーザーがそれぞれのタイミングで視点を切り替えることから回転の計算が膨大に行われていて、この計算を簡単に高速にできる四元数はとても重宝されているんだよ。

$$q = a + bi + cj + dk$$

ゲームの主人公とプレーヤーの視点を一致させる計算

最近のオンラインゲームは現実と見まごうばかりの美しいCG（コンピューター・グラフィックス。コンピューターで描いた画像や映像のこと）で構成されていて、コンピューターによる仮想空間は次第に現実そのものに劣らない見栄えになってきています。

そして仮想空間の究極系として注目されているのは、コンピューターの中に作られた仮想世界「メタバース」です。米大手IT企業のFacebookが、メタバースが次世代の生活に大きく入り込んでくると想定して社名をMeta（メタ）に変更したことが話題になりましたが、人は次第に現実世界の軛（くびき）を逃れ、仮想世界に生活を広げつつあります。

最近のバーチャルリアリティ（VR）は本当にリアルです。著者も、お台場のダイバーシティ東京で妻と一緒にVR体験をしたことがあるのですが、数えきれないくらいのゾンビに追いかけられて2人ともパニックになり、妻が著者を盾にして逃亡してしまうという事件が起こりました。著者は妻をかばって（かばわされて）ゾンビたちに“惨殺”されるという悲しい結末に終わりましたが、今となってはよい思い出です……。

話を戻しますと、メタバースや3Dゲームの世界では、常に主人公の視点で映像が切り替わっていきます。正面を向いていた主人公がユーザーの操作によって90°左を向けば、主人公の目に映る世界（つまりユーザーが見ているモニターに映る映像）は90°旋回することになります。

現実世界では、人が首を動かすのに合わせて視点が切り替わるのは当たり前ですが、仮想現実の中ではこれと同じ状況を生み出すためにコンピューターが膨大な計算を裏で行っています。なにせ、モニターやVRゴーグルに映る映像をプレーヤーの視点の動きに合わせて素早く切り替える必要があるわけですから。

すなわち**コンピューターは、プレーヤーの視点が変わったときに、現実世界であればどのように見えるか、つまりモニターにどのような映像が映っているべきかを瞬時に計算し、プレーヤーが現実世界で体験する見え方との違和感を持たないほど即時に映像を切り替えている**のです。

コンピューターによるこの計算をさらにわかりやすく言うと、**視点の旋回に合わせて映像データをさまざまな方向に回転させる**ということになります。

たとえば、真正面を向いていたプレーヤーが左を向くということは、プレーヤーの視線が反時計回りに90°回転することを意味します。ということは、それに合わせて見える景色は90°回転します。

このように、**プレーヤーの視点の変化は、数学的には回転に相当する**のです。

つまりコンピューターは、VRゴーグルをしたプレーヤーが首を別の方角へ向けたり、あるいはコントローラーで3D

ゲームの主人公の走る方角を変えたりするといった操作に合わせて、映像を高速で回転させるという計算を行っていることになります。

回転の計算は複雑なので、いくらコンピューターといえども難儀します。というのも、現実の世界とちがって、メタバースや3Dゲームの景色は小さな光の点（ドット）の集まりだからです。

スマホの画面に水滴がつくと、そこが虹色のモザイクのように見えるのをご存じでしょうか。これは、スマホに映っている画像が赤、青、緑の3種類の色（三原色）からなる小さなドットを集めて作られているからです。

水滴がつくとそれがレンズとして働き、この小さなドットが拡大されて見えるので、モザイク状に見えるわけです。

このように、コンピューターが映し出すCG映像は全て小さな光の点を配置して作られたものなので、**プレーヤーの動きに合わせて映像を回転させる際は、これらすべての点を一斉に変化させる必要があります。**それゆえに計算が膨大になるのです。

しかも、オンラインゲームやメタバースのユーザーの動きは一律ではありません。それぞれがちがったタイミング、ちがった方向や速さで視点を切り替えるため、そのときに見えるべき映像の種類、つまり回転の種類は無数です。それゆえ、コンピューターに求められる計算も何千万通り、何億通りにもなります。

それだけ多くの回転の計算が必要な状況で、プレーしている人間が不自然だと感じないように素早く計算を実行するために、回転を簡単に計算するツールが必要になります。それが冒頭の数式であり、クォータニオン（四元数（しげんすう））と呼ばれるものです。

「回転」は「2乗するとマイナスになる数」で表せる

四元数は、19世紀にアイルランドの数学者ハミルトンによって考案されました。ハミルトンは、物体を3次元の中でいろいろな方向に回転させたときに、回転後の姿勢がどうなっているかを計算する方法を考えていました。彼は数学者だったので、仕事として、純粋に数学の発展のためにこのような研究をしていたわけです。

なかなか名案が思い浮かばずに悩んでいましたが、ある日、彼は、たまたま妻と一緒にブルーム橋という名前の橋を歩いていたとき、この四元数の考え方をひらめきました。彼は発見の興奮を抑えきれず、その場でブルーム橋の石に四元数の数式を刻み込んだそうです。

冒頭の数式に出てくるｉという文字は「虚数単位」といって、数の一種です。ただし、普通の数とちがって、**ｉは自分自身を掛け算する（＝「2乗する」といいます）と－1になる不思議な数です。**普通の数は、2乗するとゼロまたはプラスの値になり、マイナスになることはありません。なぜならば、マイナスの数掛けるマイナスの数はプラスの数になるからです。たとえば、$-2\times-2=4$、といった具合です。プラスの数同士の掛け算でも結果はプラスになります。たとえば$3\times3=9$というふうに。

この虚数単位を使うと、「回転」を簡単に表すことができます。その話は少し後のお楽しみとして、まずは下準備として虚数単位を深掘りしたいと思います。

2乗してマイナスになる数なんて、私たちが生きている世界で、そんな変なものを考える必要がそもそもあるのかと疑問に思われるかもしれませんが、数学の世界では、虚数単位 i を使わなければ成り立たない計算が多々あります。たとえば、3次方程式（$\square x^3+\bigcirc x^2+\triangle x+☆=0$という形の数式）の x に何があてはまるかを求めようとするとき、i を使わないと計算できない場合があります。理由はこれだけでなく、数学の世界では i は必要不可欠とみなされています。

では、2乗すると-1になる不思議な数 i と通常の数はどのような関係にあるのでしょうか？　図で表すとその関係が一目瞭然です。まず、通常の数は、図表3-1のように数直線で表せます。

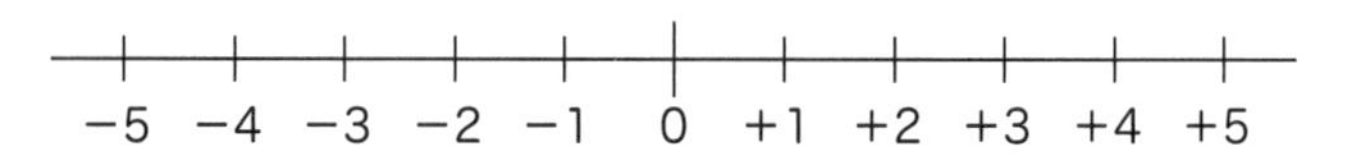

図表3-1　実数

それに対して、ｉを考えるときは図表3-2のような平面で考えます。ｉは縦の軸として表されています。つまり、ｉは普通の数の数直線上に表すことができないので、それとは別にｉ専用の数直線（図の縦軸）を作ってあげるということです。

このように、通常の数とｉを同時に考えるときは、普通の数用の数直線（横軸）とｉ専用の数直線（縦軸）が交わった平面を考えます。この平面のことを「複素平面（ふくそへいめん）」と呼びます。このあたりは単なる数学におけるルールなので、あまり深く考える必要はありません。そういうものなのだな……くらいに考えておいていただければと思います。

この複素平面上の点は、通常の数にｉの何倍かを足したものに相当します。図表3-2では、3にｉの2倍を足した数「3＋2i」を表していますが、このように通常の数とｉの何倍かを足したもののことを複素数と呼びます。

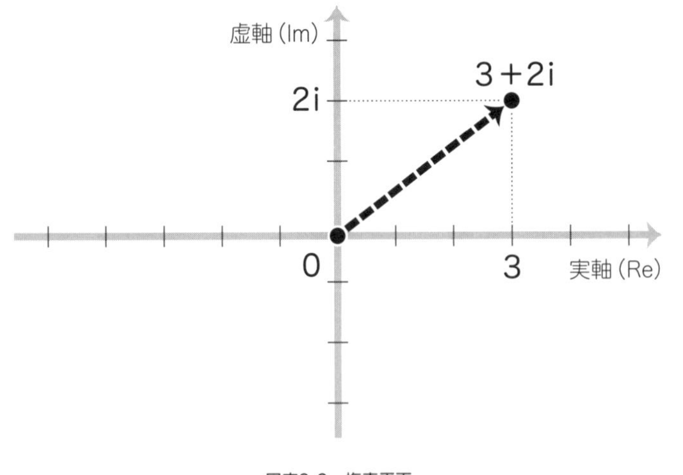

図表3-2　複素平面

複素数は、数式として表すこともできます。具体的には、複素数（complex number）のことを、その頭文字をとってcとすると、c＝a＋biと書けます。ここでaは横軸（実軸と呼びます）の値、bは縦軸（虚軸と呼びます）の値に対応しています。図表3-2では、a＝3, b＝2（すなわちc＝3＋2i）の場合を表しています。

この複素平面を使うと、「回転」を簡単に表すことができます。**ｉの掛け算は90°の回転を表しているのです。**なぜそう言えるのか、図表3-3を見てみましょう。まず簡単な計算として、1にｉを掛けてみます。1×i＝iなので、計算式を見るだけでは当たり前すぎておもしろくもありません。

しかし、これを複素平面上に置き換えて見てみると、横軸上にあった1が、ｉを掛けることで縦軸上のｉに移ったと見なせます。つまり、**ｉを掛けることで90°回転したとみなせるのです。**

さらにまたｉを掛けると、ｉ×ｉ＝−1となり、また横軸上に戻ってきます。これは、90°の位置にあるｉにｉを掛けることでさらに90°回転し、1から見て180°の位置にある−1に至ったのだと考えることができます。

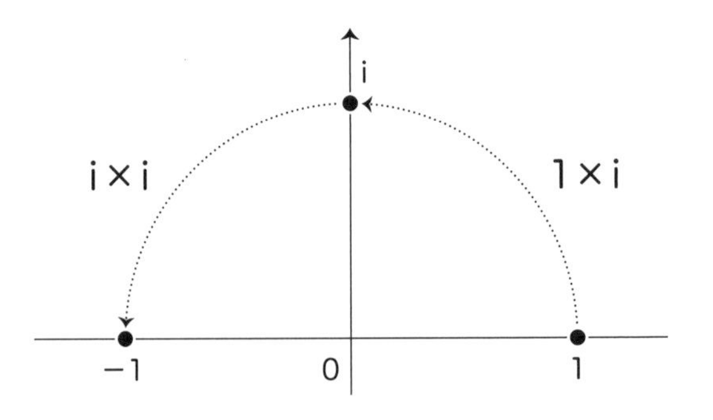

図表3-3　ｉを掛けると回転が生じる

ｉを1回掛けるたびに90°回転するならば、4回掛けると360°回転して元の位置に戻ってくるはずです。実際、

$$1 \times i \times i \times i \times i = (i \times i) \times (i \times i) = (-1) \times (-1) = 1$$

となり、これは一回転して元に戻ったということを意味します。このように、ｉを掛け算することで回転が表せるのです。

90°に限らず、どんな角度の回転でも、同様に複素平面

を使って、数の掛け算として表すことができます。つまり、複素数を考えることによって、どんな回転も表すことができるのです。

参考までに、このChapterの最後に45°の回転の場合を説明しているので、興味があれば目を通してみてください。

3次元の視線の動きを追え!

この考え方の便利なところは、「回転」という操作を掛け算だけで表せるという点です。数学的には、他の方法で「回転」を表すこともできるのですが、複素数を使う方法よりもずっと計算が複雑になってしまいます。

メタバースや3Dゲームの世界では、裏側で「回転」の計算を膨大に行っているので、こういった簡便な方法で回転の計算ができると大変便利なのです。

ただし、メタバースや3Dゲームで必要なのは3次元の回転であるのに対し、複素数では一方向の回転しか表せません。**3次元空間での回転を表すためには、3方向（縦、横、高さ）の回転を表すことが求められます。そこで、i に類するものとして新たにjとkを追加して、3方向の回転を表せるように複素数を拡張した、いわゆる複素数の3次元バージョンがクォータニオンです。**

とはいっても発想は簡単で、i だけでは1方向の回転しか表せないので、残り2つの方向の回転を担当するjとkを新たに追加したというだけの話です。

追加したjとkは、iと同じく回転を表したいので、iと同じ性質を持っている必要があります。ですので、iと同じく2乗すると－1になるとします。つまり、

$$i^2 = j^2 = k^2 = -1$$

と決めます。iは90°の回転を表していると先ほど説明しましたが、このように定義することで、同じようにjとkも90°の回転（ただし、それぞれ3次元空間における異なる方向の回転）を表すことができます。

2乗するとマイナスになる数（＝虚数）iを考えると、掛け算だけで平面上の回転を表せることを冒頭で説明しました。同様に、四元数というものを考えると、掛け算だけで3次元空間の回転を表すことができるのです。

繰り返しになりますが、このような回転を四元数とは別の数学的手段で計算しようとすると、もっとずっと複雑な計算が必要になります。一見すると四元数はややわかりづらい概念に思えるかもしれませんが、これがコンピューターにとって最も簡単に回転の計算を行える方法なのです。

以前に、ゲームを開発し製造・販売しているセガが自社のゲームクリエイター向けに活用している数学の研修資料を一般公開したことが話題になりました。この中にも、四元数の話がかなり詳しく載っています。四元数はゲーム制作に欠かせない数学なのです。

船の揺れだって回転のひとつ

メタバースや3Dゲームだけでなく、乗り物の開発にも四元数が活用されています。というのも、飛行機、船、自動車などの乗り物の設計においては、「揺れ」の分析が不可欠であり、その「揺れ」は数学的には回転として表されるからです。

図表3-4にそのイメージを載せています。一般的には、「回転」と聞くと車輪やモーターなど360度まわるものを想像するでしょう。しかし「揺れ」は、そのような一方向の回転ではないため、回転といわれてもすんなり納得できないかもしれません。

しかし、**「揺れ」は、回転の向きが頻繁に切り替わる回転だと捉えることができるのです。**たとえば横揺れであれば、右に傾いたと思ったら今度は左に傾いて……というように、向きが切り替わるということです。

単にぐるぐる回るだけの単純な回転は計算も簡単なので、クォータニオンを使わなくても大きな支障はありません。しかし、「揺れ」は向きが頻繁に切り替わる分、より複雑です。そのため、クォータニオンのような、計算を簡単にしてくれる方法が大切になってきます。

たとえば、船の横揺れは専門用語で「ローリング」と呼びますが、これは図表3-4左のように、船を正面から見た時の回転運動と捉えることができます。ローリングが激しければ乗員は酔って気分が悪くなるし、下手すると船が転覆してしまうでしょう。ですので、船を設計する段階で揺れの分析が不可欠になります。

現代では船を実際に作り始める前にコンピューターで揺れの分析を行い、揺れが最小限になるように船体を設計します。船の揺れ（＝回転）は図表3-4のように3方向が考えられるので、3方向の回転を表すクォータニオンがここでも活躍します。

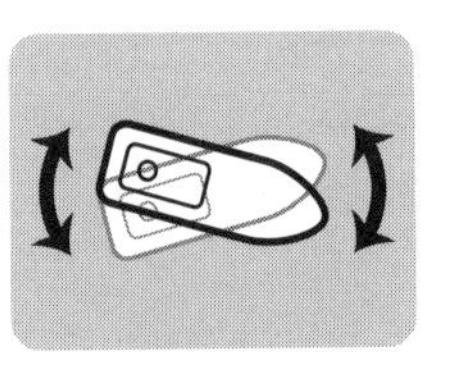

図表3-4　船の揺れの種類

このようにして、クォータニオンはバーチャルからリアルまで人間社会を支える欠かせない存在です。

このChapterでは、**19世紀の数学者が純粋な学問的課題（3次元の回転を数学で扱うという課題）を解決するために作った数式が、情報化社会となった21世紀になって人々のバーチャル体験を支えている**という話をしてきました。

このように、数式は時代を超えて残るものなので、数式を作ったときには想像すらしなかった分野へ応用されることも多くあるのです。

★★★詳しく知りたい人向け

だったら、45°の回転はどうなるの？

90°は i の掛け算で表せるという話を先ほどしましたが、では他の角度はどうやって表すのでしょうか？　実は、他の角度を表すときは90°の場合よりもちょっと複雑になるので、ここまであえて触れてきませんでした。

ここでは興味のある方に向けて、例として45°の場合はどうなるかを説明していきます。ただし、このChapter全体の理解に支障はないので、読み飛ばしても構いません。

ここで結論から先に言うと、**45°の回転を表す複素数は1つだけというわけではありません。**

ここで1つ例を挙げると、1と i を足したもの、つまり1＋iは45°の回転を表す複素数の1つです。なぜそう言えるかは、図表3-5のように複素平面に1＋iを書いてみるとわかります。角度が45°になっていますね。

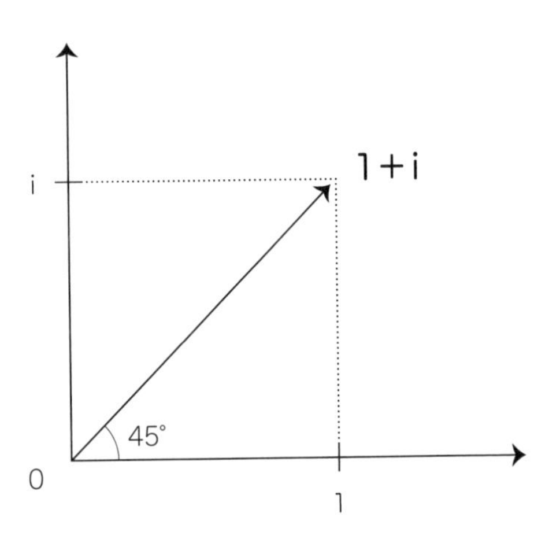

図表3-5　複素平面上の1+i

ここで、ちょっとおもしろいことをやってみましょう。先ほど見たように、複素平面における回転は、数の掛け算で表されます。先ほどは1×iなどの例をみましたね。では、1＋iに1＋iを掛けるとどうなるでしょうか？　試しにやってみましょう。

$$
\begin{aligned}
&(1+i)\times(1+i)\\
&=1\times1+1\times i+i\times1+i\times i\\
&=1+i+i-1\\
&=2i
\end{aligned}
$$

となります。つまり、1＋iを2乗すると2iになるということです。2iの位置を複素平面上で見てみると、図表3-6

のように、ちょうど90°の位置にありますね。つまり、45°を表す複素数（1＋i）を2乗すると、90°を表す複素数（2i）になったということです。これは、角度の話に置き換えると、「45°＋45°＝90°」を計算したということになります。

「45°＋45°＝90°」という角度の足し算を表す計算が掛け算になるというのは、直感に反すると思われるかもしれません。

たとえば、1＋iが45°を表すなら、それに1＋iを足す（つまり1＋iを2倍する）と90°が作れそうな気がしますが、実際はそうなりません。

これは、試しに読者のみなさんも複素平面で1＋iを2倍したもの、つまり2＋2iを書いてみるとわかりやすいでし

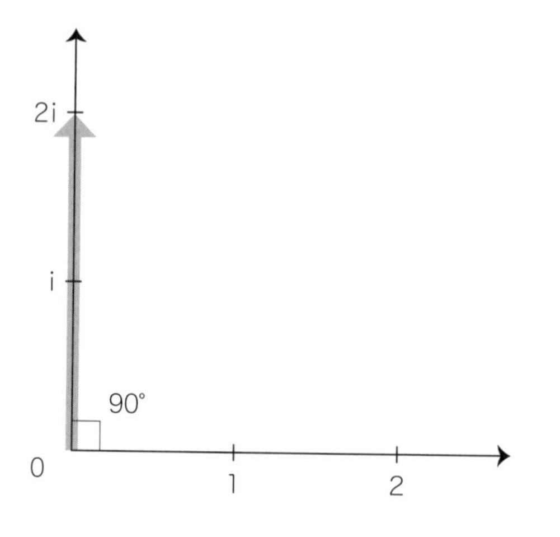

図表3-6　複素平面上の2i

ょう。

2＋2iは45°です。つまり、この計算では「45°＋45°＝90°」をうまく表せていないことになります。

このように、**複素平面で回転を考えるときは、足し算ではなくて掛け算になるという点は注意です。**この点は直感的にはわかりづらいかもしれませんが、試しに、自分でも計算してみたり複素平面を書いてみると、考え方に慣れていくはずです。

著者は大学・大学院で素粒子物理学を専攻していましたが、ある教授の**「わかるとは、計算に慣れることだ」**という言葉が印象に残っています。実際、頭で考えるだけでなく手を動かしてみるとピンとくるということは、著者自身の経験としても多々ありました。

だまされたと思って、ぜひ手を動かしてみてください！

CHAPTER.4

お金を“創造する”数

1番目のリスク・ファクターにさらされている度合い

$$E(R) = r + \beta_1 \lambda_1 +$$

預金金利

期待される運用益（リターン）

1番目のリスク・ファクターに対する見返り

式

n番目のリスク・ファクターに
さらされている度合い

$$\beta_2\lambda_2 + \cdots + \beta_n\lambda_n$$

n番目のリスク・ファクターに
対する見返り

**投資をギャンブルと
一線を画すものにした**

これは資産運用に必要不可欠な公式なんだ。

何に使われている数式なの？

株式などへ投資をしたときに、どれくらいの収益が期待できるかを計算するための数式だよ。

何がきっかけで、この数式が産まれたの？
世の中のどんな課題を解決したのかな？

かつて、投資は、投資後の結果を予測する手段が全くなかったから、一か八かのギャンブルとみなされていたんだ。

つまり、経済学的な意味づけが全くなされていなかったの。

米国の経済学者ウィリアム・シャープは、投資という行為の経済学的な意味を研究して、投資に伴うリスクと投資収益の間の関係性を理論化した。

そのシャープの理論を発展させるかたちで、経済学者ステファン・ロスが1976年に発表したのが、この数式だよ。

この数式によって、世界はどう変わったんだろう？

シャープがこの業績によって、1990年にノーベル経済学賞を受賞したのは知ってるかな？

かつてギャンブルと同一視されていた“投資”は、シャープの研究によって、国の経済成長を促し、個人の計画的な資産形成を助けるものであるという認識が広がった。

つまり、この数式は、どうすれば賢くお金を増やせるかを教えてくれていると言えるよ。

世界中の金融機関、証券会社、資産運用会社、そして個人が、この数式をもとに投資を行っているんだ。

人生100年時代の資産形成に役立つということで、最近注目されている「インデックス投資」は知っているかな？　この投資手法も同じ数式がもとになっているよ。

お金をじょうずに増やすための数式

この数式は、たとえばあなたが株式（後で詳しく説明します）などを買ったとき、どれくらいの値上がりが期待できるのかということを表しています。

株式投資についての数式なんて、金融機関の専門家が知っていればいいじゃないか、自分には関係ないと思うかもしれません。けれども、この数式は、私たちのお金についての理解を深めてくれるうえに、知っていることでだまされにくくもなります。ですので、ぜひ知っておいてほしいと思います。

すでにお話ししましたが、著者の職業は「クオンツ」です。クオンツとは、数学を駆使してお金を増やしていく専門職のことです。いわば、数式を使ってお金を“創造”する（＝お金を増やす）のが仕事です。ここで、単にお金を“増やす”と言わずに“創造する”と言っているのは、そうやって増えたお金が人々の生活の質を上げ、より豊かな人生へとつながっていくからです。

著者は保険会社に勤めていて、著者が運用しているのはお客様にお支払いいただいた保険料です。保険会社のビジネスは、多数のお客様から保険料を集め、それを資産運用によって増やしていき、いざというときに保険金として支払うというものです。いずれ保険金としてお客様に戻っていくであろうお金たちを、数理的な技術などを駆使しながら大切に大切に運用しています。

　全ての行動が、保険という仕組みを通じてお客様の人生を守ることにつながっています。だからこそ、“創造”という言葉を使っているのです。

　少し話がそれたので、本題に戻りましょう。クオンツは、お金を創造するためにたくさんの数式を駆使するのですが、今回の数式は、その中でも特に重要なものになります。

　さらにいえば、お金を株などに投資して増やしていく行為、すなわち“資産運用”に関する数式です。

　この数式は世間的にはほとんど知られていませんが、もったいないなと著者は思っています。なぜかというと、**この数式の意味を理解することで、お金を上手に増やして安心して暮らしていく秘訣を手に入れられるからです。**

　金融機関の専門家だけでなくみんなに知ってほしいからこそ、ここで紹介しています。この数式を自分で計算できる必要はありませんが、投資とは何なのかを理解する手助けになるので、知っておくと非常にためになります。

　人生が長くなればなるほど、資産運用への理解が生きるうえで重要になってきます。というのも、ほとんどの人が、退職したあとは働いていたころより収入が少なくなるからです。たとえばサラリーマンは、働いているうちは給料をもらえますが、退職すると年金のみが収入になります（それとは別に退職金がもらえる人もいます)。

長生きするほど、たくさんのお金を使います。つまり、退職してから亡くなるまでの時間が長ければ、それだけ、生きている間にお金を使い果たしてしまうリスクは高まります。金融機関に勤めるお金の専門家たちは、これを「長生きリスク」と呼び、現代における新たなリスクだと考えています。

長生きリスクへの対策として最も有効なものの1つが「投資(とうし)」です。ここでいう投資とはつまり、給料などの形で得た収入の一部で株式などを買って、その値上がりや株式配当などでさらなる収入を得ようとすることです。今回の数式は、この投資についての基本的な考え方を示したものです。

投資家も“犠牲”を払っている

では、この数式の意味を掘り下げていきましょう。

日本では昔から「働かざる者食うべからず」といって、勤労が重んじられてきました。その反面、投資は何かギャンブルのようなものだと思われてきた節があります。今ではその風潮は変わってきていますが、投資に対して抵抗感がある人もまだまだ多いのではないでしょうか？

そのためか、日本の家計においては資産の大部分が預貯金になっていて、株式は1割程度しかありません。その点、欧米では、子どものころから投資教育を受けているためか投資が当たり前に行われていて、米国では家計の資産の半分以上が株式などで占められています（株式の割合については「資金循環の日米欧比較」（2022年／日本銀行調査統計局）より）。

勤労を重んじてきた今までの日本の歴史からすると、汗を流さずに株式などへの投資だけで資産が増えていくのは「けしからん」ということになるかもしれません。

しかし、実際はそんなことはなくて、投資家（＝株式などに投資をする人）も実は労働者と同じように“犠牲”を払って社会に貢献しているのです。“犠牲”とは、労働者の場合は自由な時間や労力、精神的な忍耐などです。

では、投資家は一体何を”犠牲“にしているのでしょうか？

本質を理解するために、まず投資とは何なのかというところから出発しましょう。**投資とは、長期的な利益のために将来性ある投資先へ出資する行為です。**

投資先は多くの場合は企業になります。企業へ投資する方法は大きく分けて2つあり、1つが「株式」、もう一つが「債券（さいけん）」です。

株式は、企業が何らかの事業を始めたいときに、その資金を一般の投資家から募るためのものです。株式会社が、その事業に賛同・応援してくれる投資家からお金（出資金）を集めるために発行するチケットのことを株式と呼ぶのだと考えるとわかりやすいでしょう。

株式会社は、出資してくれた金額分だけ投資家に株券を渡します（昔は紙の株券でしたが、今は電子的な手段により交付されます）。この株券を得た人たちが株主です。つまり、株式は出資証明書ということです。

ちなみに、このとき投資家から得たお金は借金ではないので、企業は返す必要はありません。株式会社は株主の出資金を使ってビジネスを行い、得た利益の一部を「配当」（株主に配るお金）として株主へ還元します。

株価は毎日変動していて、その企業が成長しそうだ、大きな利益が出そうだという期待が高まるなどすると、その企業の株を買う人が増えて株式自体の価格（＝株価）が上がります。そうすると、その値上がり益からも株主は利益を得ることができます。

逆に、何かトラブルを起こしたり、経営上の失敗があったり、赤字が出たりすると企業への期待が下がって株価が下がることもあり得ます。

つまり株式投資とは、企業へビジネスの種銭を提供する見返りに、企業がビジネスで得た利益を還元してもらうというwin-winの関係を築くことを期待するものなのです。

逆にビジネスがうまくいかないと、株が値下がりしたり配当が減らされたりして株主も損をします。

社債と株式はここがちがう

次に社債ですが、**社債とは、企業が投資家から資金を借**

りるために発行する借用書（いくら借りたかを示す証明書）のことです。企業はビジネスを行うために多くのお金が必要なので、社債を発行して投資家からお金を借りるわけです。

投資家からお金を調達するという意味では株も社債も同じですが、社債は返済する期日が決まっている"借金"です。株式は「出資金」（＝返さなくてよい）、社債は「借金」（＝返す必要がある）ということです。図表4-1に株式と社債の主な特徴を整理しました。

社債の返済期日を満期（まんき）といい、満期までの間、借り手から定期的に支払われる利子が投資家にとっての利益となります。満期になると、企業は最初に借りたお金（元本）を投資家に返さなければなりません。しかし、企業が倒産してお金を返済してもらえなかったり、そうでなくても経営状態が悪化して利子の支払いが滞ったりというリスクもあります。

資産の種類	言い換えると	利益の源泉
株	出資証明書	配当、値上がり益
社債	借用書	利子

図表4-1　株と社債の特徴

つまり株や社債への投資は、自分のお金を企業に融通してビジネスに活用してもらい、その分け前を自分も得るというwin-winの関係を目指すものです。ですから、株式や社債へ投資することは、社会を動かす大きなお金の流れに参加することなのです。

　このように、投資家は、労働者とは別の方法で社会の発展に貢献しています。

　世の中では、そもそも労働は本質的に「嫌なもの」だという考え方があります。いくら仕事が好きな人でも、1円ももらわずに仕事をしたい人はいないでしょう。仕事＝人生という人もいるかもしれませんが、多くの場合、本当は趣味や家族との団らんなどに使いたい時間を仕事のために使っているので、それに対する「ありがとう」の気持ちとして賃金が支払われます。

　投資家は、一見するとそういった“嫌なもの”を負っていないように見えるかもしれませんが、実は犠牲を払っています。

　結論からいうと、**投資家は「損をするかもしれない」というリスク（＝“嫌なもの”）の見返りとして利益を得ている**のです。ビジネスが成功するかどうかを予測するのは難しく、投資した企業がうまくいくこともあればそうでないこともあります。そのために株や債券の価格は常に変動し、それに投資している投資家の資産も不確実な変動にさらされるのです。

たとえば、先ほども述べたように、投資した企業のビジネスが予想以上に順調であれば、その企業は配当を増やすことを検討するかもしれないし、期待感から株価も上昇するでしょう。

逆に、ビジネスが予想ほどうまくいかなければ、配当が減ったり株価が下落したりします。社債についても、企業が当初の予定通りにお金を返済してくれれば利子収入が得られますが、財務状況が悪化して利子の支払いが滞ったり、倒産して貸したお金が返ってこなくなることもあり得ます。

つまり、**株や社債を買うことは、投資先企業のビジネス上のリスクを投資した金額分だけ自分も負うということを意味しています。**

だれだって、リスクは避けたいのです。だからこそ、ビジネスの種銭を提供してくれて、ビジネスに伴うリスクを自分のお金で引き受けてくれる投資家は、ビジネスを行う者にとって非常にありがたい存在なのです。

だからこそ**企業は、リスクを負ってくれて「ありがとう」という気持ちを配当や利子などの形で投資家へ還元します。**

自分の財産を銀行預金に寝かせているだけだと、こういった見返りは受け取れません。リスクを負わずして「ありがとう」の気持ち（＝運用益）は受け取れないのです。

ここまでで、投資家はリスクの見返りとして投資収益（＝リターン）を得ているのだということを説明してきました。

ただ、投資に伴うリスクは1種類ではなく、株式や社債の価格を動かすリスク要因（＝リスク・ファクター）は複数あります。

そして、それぞれのリスク・ファクターについて投資家は見返りを受け取ることができます。それらの見返りの合計が投資家のリターンとなるわけです。

「リスク・ファクター」ってどんなもの？

投資成果に影響を与えるリスク・ファクターがどういうものか、一例を119ページの図表4-2に示しました。景気循環やインフレなど、多くの企業や人々に影響を及ぼす要因が並んでいることがわかります。これらは、経済全体を大きな（＝マクロな）視点で見たときに重要になってくるものなので、「マクロ要因」などと呼びます。

これらは、ジャンルを問わずあらゆる企業の利益やビジネスに影響を与える要因であるため、投資家はこれらのリスク・ファクターに対して見返りを必要としています。

ではどのように見返りの大きさが決まるのかというと、これらのリスク・ファクターにさらされている度合いが大きい企業の株式や債券ほど、割安で取引されます。

それは当たり前で、リスクが高い株式を高値で売りつけようとしてもだれも買ってくれないので、結果として安くなるわけです。

割安で買えるということは、投資先の企業がビジネスを成功させ株式配当を（あるいは社債の利子や元本を期日までに）支払ったならば、投資家はより少ない元手で利益を得られるため、高い投資利回りが得られることになります。

逆に、リスク・ファクターにさらされている度合いが小さい企業の株式や債券は高めの価格で取引される（高くても買ってくれる人がいる）ので、投資利回りは低くなります。

こんなことを話すと、図表4-2に記したようなリスク・ファクターよりも、個々の企業に特有な出来事のほうが株価にとって重要ではないかと思う方もいらっしゃるでしょう。たとえば、新商品の成功（株価上昇の要因）や、社長の

リスク・ファクター	概要
1　景気循環	国や地域における好況・不況の波が企業業績を左右する
2　金利	長期国債の金利は企業融資の利率に影響を与える
3　インフレ	低すぎても高すぎても経済の停滞につながる
4　信用	信用の低い（＝倒産リスクの高い）企業ほど社債の利回りは高い。そうでないと割に合わない
5　新興国	新興国企業への投資は先進国企業への投資に比べて政治的混乱、通貨暴落、外資への圧力といったリスクが伴う

図表4-2　リスク・ファクターの例

不祥事（株価下落の要因）などです。しかし、こういった要因はあまり気にする必要はありません。

というのも、プロは何百社や何千社という多数の企業に広く浅く投資するのが一般的だからです。このように、**多数の企業の株価に資金を分散して投資することを「分散投資」と呼びます。**

1社に資金が集中していると、その企業のビジネスが失敗して倒産すれば一気に大きな損失が出てしまいます。そうならないよう、安全のために多くの企業に分散投資するのがプロの投資の基本なのです。分散投資していれば、投資先のうち1社が倒産してもそれほど影響を受けずにすみます。

つまり、複数の企業に分散して投資していると、個々の企業に特有な出来事は、全体の投資結果にあまり影響を及ぼさなくなります。だから、1社1社の事情は、あまり気にしなくてもよいのです。

一方で、景気循環やインフレなどの要因は全ての企業に影響を与えるので、そういったマクロ要因が投資収益に最も大きな影響を及ぼすのです。

まとめると、**リスク・ファクターにさらされている度合いが大きい株式や債券ほど投資リターンが高くなり、逆にさらされている度合いが小さいほど投資リターンが低くなります。**

このように、投資対象がリスク・ファクターにどれだけさらされているかによって投資リターンが決まるとする理論を「マルチファクターモデル」と呼びます。

リスクのちがいを見る

ここまでの説明で、マルチファクターモデルの数式を理解する準備が整いました。

ここで、数式の右辺と左辺に出ている文字を説明すると、次のようになります。

<左辺>
E(R)：期待される投資リターン。ここでRはreturn、Eはexpectation（期待）の頭文字
<右辺>
r: 預金金利
β_i：i番目のリスク・ファクターにさらされている度合い
λ_i：i番目のリスク・ファクターに対する見返り

つまりこの数式は、それぞれのリスク・ファクターについて「さらされている度合い×見返り」分だけの利益が得られ、その合計が最終的な投資収益になることを意味しています。

これだけだとわかりづらいので、例を挙げましょう。図表4-2を見ていただくと、1番目のリスク・ファクターは

「景気循環」になっています。ですので、β_1が景気循環に影響を受ける度合い、λ_1がその見返り（つまり割安になる度合い）を意味しています。

たとえば、銀行のビジネスは景気の影響を大きく受けます。好景気なら、企業は銀行からどんどんお金を借りてビジネスを拡大しようとするので銀行の業績も良くなります。

けれども不景気になると、お金を借りる企業は少なくなるし、業績が悪化して倒産し銀行から借りたお金を返せなくなる企業も出てきたりして銀行の業績は悪化します。

ですので、銀行の株価は景気循環の影響を受けやすく、好景気のときは大きく値上がりしますが不景気のときは大きく値下がりします。こうして、銀行株のβ_1は大きな値になります。

一方、食品産業は景気循環の影響をあまり受けません。みなさんも、好景気だからご飯を普段の3倍食べたり、不景気だから3日に一度しか食事しないなんて極端なことはしないでしょう。好景気でも不景気でも、食べる量はあまり変わりません。

つまり食品関連のビジネスはあまり景気に左右されないので、結果として食品産業の株価は景気循環の影響を受けにくいためβ_1が小さな値になるのです。

このようにして、投資する先が変わるとリスクも変わってきます。

金融機関に勤める投資のプロは、このようにして「どの企業やどの業種に投資しているか」ではなく、その背後にある「どんなリスクをとっているか」に着目して投資しているのです。

タダ飯なんてない

マルチファクターモデルは、学術的にはAPT（Arbitrage Pricing Theory）と呼ばれる経済学理論が土台になっています。APTは、日本語では「裁定(さいてい)価格理論」と訳されます。この理論は、**「経済的に同じ価値を持つものは同じ価格になる」**という考え方がベースになっています。なぜそんなことが言えるのか考えてみましょう。

仮に、ある企業の株式がニューヨーク証券取引所では100ドル、シンガポール証券取引所では105ドルで取引されていたとしましょう。この場合、ニューヨーク証券取引所でその株を100ドルで1株買い、シンガポール証券取引所で105ドルで売れば、差し引き5ドルの利益が出ます。同様の取引を繰り返せば1000ドル、1万ドルと儲けを増やしていけます。

このように、経済的に同じ価値のものが異なる価格で取引されているときは、安いところで買い高いところで売ることで、全くリスクを負わずに利益を得ることができるわけです。このような取引を裁定取引(さいていとりひき)と呼び、裁定取引が行えるチャンスのことを裁定機会と呼びます。

金融の世界では、リスクという犠牲を払わずに儲けられる裁定機会のことを、おどけて「フリーランチ（Free Lunch＝タダ飯）」と呼ぶこともあります。

裁定機会が存在すればリスクを負わずに利益が得られるわけですから、それを見つけた投資家は、裁定取引を行って儲けようとするはずです。

この裁定取引の影響を受け、ニューヨーク証券取引所での株価は買いが優勢となるため上昇していきます。一方、シンガポール証券取引所では売りが優勢となるため株価が下落していきます。

そして、両取引所における株価が一致したところで裁定機会が消滅します。

つまり、**経済的に同じ価値を持つ株式や社債がたまたま異なる価格で取引されていたとしても、それを見つけた投資家が裁定取引を行うことによって同じ価格になっていく**ので、「経済的に同じ価値を持つものは同じ価格になる」と考えてよいということです。

もちろん、裁定機会を投資家全員が見逃していれば価格が近づいていくという現象は起きません。しかし現代の金融市場には世界中から極めて優秀な投資家が山ほど参加していますから、みんながみんな裁定機会（＝ノーリスクで稼げる絶好のチャンス）を見逃すなんてありえません。なので このような価格の不一致は仮に生じてもすぐに解消されると考えて差し支えありません。

このような考え方は、経済学における「一物一価（いちぶついっか）の法則」

（同じ経済的価値を持つものは同じ価格になる）が資産運用の世界でも成り立っていることを示しています。

投資家にとっての株式や社債の経済的価値とは、「いくら儲かるか」、すなわちリターンです。

“リターンはリスクの対価”なので、株式や社債のリターンは、それらに投資することで負うリスクの大きさによって決まります。つまり、先ほどの無裁定の考え方によって、**「負うリスクの大きさが同じならばリターンも同じになるはず」（逆にいえば、リターンを得るためには相応のリスクを負う必要がある）と考えることができる**わけです。

この考え方が、マルチファクターモデルの土台となっています。

おいしい儲け話もない

リターンはリスクの対価という大原則がわかると、銀行員や証券会社の営業マンの口車に乗せられにくくなります。

世の中には、甘い投資話があふれています。リスクを負わずに大きな利益を得られますよと銀行員から言われると、もしかしたら本当かも……と思ってしまうことだってあるでしょう。

しかし、そんなときは本章の数式を思い出してください。「リスクを負わずに儲けられます」なんて話は、そもそも理論的にあり得ないのです。

あえて言えば、先ほど出てきた“裁定機会”は、リスクを負わずに儲けられるチャンスと言えます。しかし、裁定機会はプロの金融マンでもめったに見つけることはできません。

仮に少しでも裁定機会が発生すれば、世界中のヘッジファンドや金融機関が寄ってたかってその機会を利用して儲けようとするので、裁定機会はあっという間に消滅します。

そのようなおいしい機会を、わざわざ他人にゆずろうなんて人は存在しません。

上位のヘッジファンドには、ハーバード大学やMIT（マサチューセッツ工科大学）の数学科を首席で卒業した学生やプロの数学者がうようよいます。中には、ノーベル経済学賞を受賞した学者が参加している場合もあります。裁定機会で儲けようとするなら、戦う相手はそういう人たちです。

ですので、投資にはリスクがつきものだと考えておいた方が良いでしょう。「損を全くせずに大きく儲けられます！」なんて言葉は信じてはいけません。

「インデックス投資」って？

大切なのは、じょうずにリスクをとって、長期的な視野を持って運用していくことです。そうすると、具体的にはどうやるんだという話になりますが、今ではできるだけ安全に、かつ簡単に投資を行う方法があります。それは「インデックス投資」と呼ばれるものです。

インデックス投資とは、一言でいうと、たくさんの企業に少額ずつ分散投資するという投資手法です。

先ほど説明しましたが、プロは安全性を重視して、1社に投資資金が集中しないように分散投資を行います。これと同じことを、運用の専門家でない個人も簡単にできるようにしたものです。

では、なぜこれをインデックス投資と呼ぶのか、お話ししていきましょう。

「株価指数」という言葉を聞いたことがありますか？

これは、株式市場全体の値動きを表す指標のことで、その国を代表する優良企業の株価の動きをもとに計算されています。日本において代表的なものに、日経平均株価指数やTOPIX（トピックス）がありますが、たとえば日経平均株価指数は、日本経済新聞社が日本を代表する優良企業225社を選出し、その株価から計算しています。

このように、株価指数に採用されている企業は、専門機関が厳選した優良企業ぞろいです。

インデックス投資は、安全な運用のために、こうした株価指数に採用されている優良企業に限定して分散投資します。

指数のことを英語でインデックス（index）というので、このような投資手法をインデックス投資と呼ぶのです。

インデックス投資をするためには、証券会社などで販売している「投資信託（とうししんたく）」というものを買います。この投資信託の裏には金融のプロがいて、たとえばあなたが1万円分の投資信託を買ったとすると、その1万円を小分けにして株価指数の採用企業に広く薄く投資してくれます。そして、投資した結果の損益をあなたに還元してくれます。

世界中の多くの人が、この方法を利用して、リスクを上手にとりながら資産を増やしています。

「貯蓄安全神話」を考える

マルチファクターモデルの数式をさらに掘り下げてみましょう。リスク・ファクターへさらされている度合い（β）が全てゼロの場合はどうなるのでしょうか？

これが何を表しているかというと、株にも社債にも投資せず、銀行に預金を預けているだけの状態を表しています。この場合は当然ながら、得られるのは預金利息（式中のr）のみとなります。

日本では、実際にこういう状態（特に何にも投資していない）の方が多くいらっしゃいます。それは「投資は元本割れのリスクがあり危険」「貯蓄は元本割れしないから安全」という考え方があるからでしょう。

しかし、貯蓄は必ずしも安全とは言えません。というのも、モノの値段がどんどん上がっていくような「インフレ」の状況が来てしまうと、投資をしていない人はかえって不利になる場合があるからです。

モノの値段が継続的に上がっていくことをインフレーシ

ョン、または略して「インフレ」といいます。最近では、日本でもインフレが問題になっていますね。

お財布に1000円が入っていたとして、リンゴ1個100円ならばリンゴが10個買えますが、インフレによってリンゴ1個300円になれば、同じ1000円でもリンゴが3個しか買えなくなります。このように、インフレが起きると同じ金額でも買えるものが少なくなっていきます。

日本は約30年間もインフレとは無縁な時期がつづいたので、銀行にお金を預けることが特段の不利になりませんでした。むしろこの30年間、日本では逆に、モノの値段が少しずつ下がっていくデフレーション（デフレ）が起きていました。

デフレ下では、買い物も投資もせずに銀行にお金を預けておくのは経済学的にも理にかなっているという見方もできます。というのも、1年後に物の値段が今よりも下がっているのならば、今買うよりも1年後に買った方が少ない出費で済むからです。

しかし、デフレは永遠には続かないことが最近の状況で明らかになりつつあります。銀行預金に預けておくだけでは、非常にわずかな預金金利の分しかお金は増えていきません。

インフレによるモノの値段の上昇よりも早いペースで自分の資産が増えていかないと、相対的には買えるものが減っていくことになってしまうのです。

投資によってお金を増やしていくことが、将来の安心につながる時代になったのです。

一般的に、先進国における自然なインフレ率の目安は年率2%程度だと言われていますが、年率2%のインフレが続けば、お金の実質価値は20年で7割に、35年で半分に減ります。

人生100年時代において、インフレほど怖いものはありません。

その対処には、インデックス投資などを通じてリスク・ファクターに自分の資産をさらすということが、逆説的ではありますが有効になります。なぜならば、長期的にはそれによって見返りのリターン（預金金利より大きい利益）が得られるからです。

このように、マルチファクターモデルの数式は見た目はかわいげもなく淡々とした風情ですが、私たちの人生に重要な示唆を与えてくれます。

最後になりましたが、ここでお伝えしたのは、銀行に預けてあるお金をおろして、投資にまわさないと将来危険です、というメッセージではありません。

あくまで投資は個人の判断で、注意深く、行ってください！

CHAPTER.5

数式が築いたモバイル

三角関数

$\sin\theta$

通信があたりまえの暮らし

$\cos\theta$

スマホもこれがないと使えない

どんな分野の数式なの？

情報技術に不可欠なものだよ。

何に使われている数式なの？

高校で習う三角関数は覚えてるかな？　これをスマホなどの通信やデータ処理に活用しているよ。

何がきっかけで、この数式が産まれたの？
世の中のどんな課題を解決したのかな？

三角関数の原型になる考え方は紀元前1～2世紀頃の古代ギリシャで生まれ、天文学に利用される中で時間をかけて洗練されてきた。

その後、17世紀ごろまで続いた大航海時代には、洋上で進むべき方角を正確に計算するために欠かせないものとなったんだ。

この数式によって、世界はどう変わったんだろう？

18世紀の数学者フーリエは、いろいろな波を三角関数で表すための「フーリエ変換」という計算方法を発明したんだ。

現代ではあらゆる情報が電波通信でやりとりされているけれど、この電波も波の一種だから、三角関数で表すことができるよ。

スマホやパソコンなどの情報端末は、受信した電波を三角関数で表してデータ処理を行っているよ。スマホで聴いている音楽（＝空気の波）も、コンピューターの中では三角関数として扱われている。

三角関数がなければデジタル時代はおとずれなかったと言ってもいいぐらいなんだ。

デジタル時代の主役

十数年前までは満員電車で新聞を広げて読んでいるビジネスパーソンをよく見かけましたが、今ではニュースをスマートフォン（スマホ）で見る方が多くなったためか、電車で紙の新聞を読んでいる人自体が稀になりました。

今の時代は、スマホさえあれば、電車で移動しながら最新の時事ニュースを見たり音楽を聴いたりSNSでやりとりしたり、世界とつながることができます。

スマホの便利さを支えているのは、膨大な情報を電波でやりとりする「モバイル通信」という技術です。

見たいニュース記事やマンガ、聴きたい音楽などは、モバイル通信の技術を使って手元のスマホに送られてきます。「モバイル（mobile）」は英語で“持ち運び可能”や“移動可能”という意味ですが、その名の通り、スマホなど持ち運び可能な端末の通信を支えるのがモバイル通信の技術です。

モバイル通信の技術は1970年代に登場し、約10年毎に大きな進化を遂げていて、通信データ量も飛躍的に伸びてきました。現在は第5世代の「5G」技術が主役となりつつあります（5GのGは、世代を意味する英単語Generationの頭文字）。

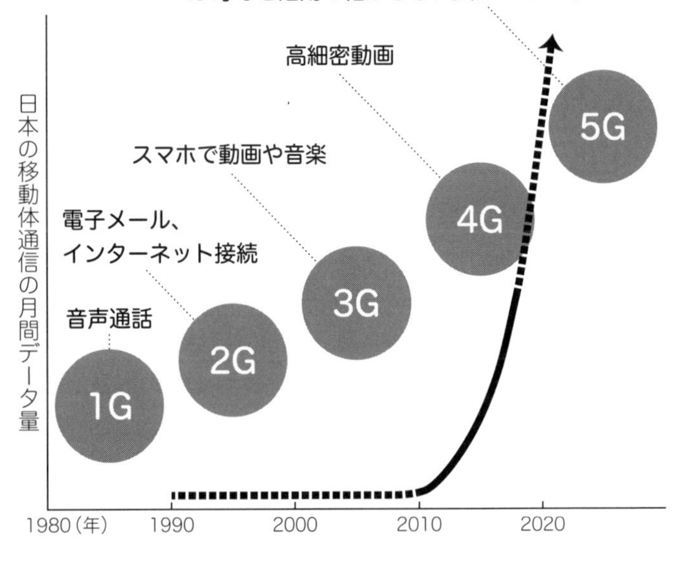

図表5-1　通信データ量の移り変わり

モバイル通信が日常生活に姿を現したのは1970年代後半からです。この時代の技術は今では第1世代（1G）と呼ばれ、自動車電話（自動車に備え付けられた電話機）やショルダーフォン（肩にかけて持ち運び可能な電話）などによる音声通話が中心でした。

第2世代（2G）になると、携帯電話でメールやインターネットが使えるようになります。

第3・第4世代（3G・4G）はスマホの時代で、テレビやネット動画を視聴したり、音楽配信を楽しんだりできるようになりました。

そして来るべき第5世代（5G）では、スマホやパソコンなどの情報端末だけでなく、自動車、家電、工場、医療機器、農業機械、ゲーム機などあらゆるものがインターネットに接続し最適なサービスを提供する「IoT（Internet of Things: モノのインターネット）」が実現するとされています。

このように、今まさに世界が大きく変わりつつあるわけですが、それを支えるモバイル通信技術の根幹部分に三角関数が使われているのはご存じでしょうか？

三角関数とは、みなさんもきっと学校の数学の授業で習った、あのサイン・コサイン・タンジェントです。

というわけで、この章はデジタル時代を支える三角関数のお話です。

そもそも電波ってなんだろう

スマホの通信は基地局（電波の送受信を行う装置）を介して行われていて、多数のスマホが同時に通信を行うことが可能になっています。また、遠距離に電波を飛ばす「ビームフォーミング」という技術によって、離れた場所でも通信が可能になっています。

「基地局」という名前からして、基地のような建物があるのではないかと想像してしまいますが、実際は送受信機能付きのアンテナみたいなもの（図表5-2）でビルの屋上や電柱などさまざまな場所に設置されています。また、屋内用の小型のものもあります。

この数を主要な3つのキャリアで見てみるとNTTドコモは25万9584個、auが19万469個、ソフトバンクが17万7111個（総務省が2022年5月発表した21年度の基地局数のうち4G/LTEの数）。ちょっと想像しづらい数ですが、これだけ設置することで、スマホができるだけ圏外（電波が届かない状態）にならないようにしています。

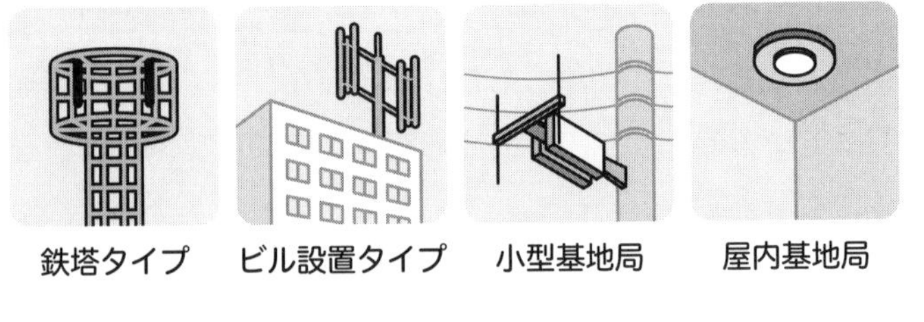

図表5-2　基地局の種類

総務省「携帯電話基地局とわたしたちの暮らし」を参考にして作成。

ところで、スマホの通信に使われている「電波」って、そもそも何でしょうか？

電波とは、電気と磁気の波であり、モバイル通信に限らず、ケーブルなどを使わない通信、つまり無線通信は基本的に電波によって行われています。スマホに限らず、ラジオやトランシーバー、人工衛星なども電波を使って通信を行っています。

ちなみに、ラジオの話題のときに「AM」「FM」といった言葉がよく出てきますが、これは電波の調整に由来するものです。これらの用語を説明し始めると長くなるのでここでは割愛しますが、電波を使って離れた場所に情報を送る技術は、現代ではいたるところで使われています。

受信した電波はスマホに内蔵されたコンピューターによって処理されて、私たちを楽しませるコンテンツとして再生されるわけですが、受信した電波をコンピューターが処理するときには三角関数が使われています。

その理由を直感的に説明すると、**電波は「波」という漢字が入っていることからもわかるように、一定の周期で波打っているのですが、その波形を捉えるのに三角関数が必要になります。**

スマホは、その内部の電子回路によって三角関数を使った計算を実行し、受信した電波から音楽や映像などの情報を引き出しているのです。

三角関数を思い出してみよう

三角関数については、多くの方が中学や高校で学んだ記憶があることでしょう。しかし、それが一体どういうものだったかは忘却の彼方かもしれません。

そこで、いったん、電波のお話からちょっと離れて、三角関数について少し復習します。

三角関数の原型となる考え方は、紀元前1〜2世紀頃のギリシャで生まれたとされています。当時は現代の高校で教えられているような洗練された形ではありませんでしたが、天文学に利用される中で洗練されていき、現代の完成された姿になりました。

この時代に、のちの三角関数につながる数学的成果が蓄積されていったのは、それだけ天文学という学問が重要だったからです。

時計がない時代において、星の動きは自然界で最も正確なものでした。だから人々は星の動きをもとに暦を作り、その暦に基づいて農業を行っていました。

また、方位磁石や、ましてGPSなんてなかったので、航海のときは星の位置から方位を把握していました。

そういった生活上の必要性に加えて、真理の探究というモチベーションもありました。天体の運行は神が支配していると考えられていたので、星の動きの研究は、秘された神の叡智(えいち)に触れる神聖な行為だったのです。

たとえば、この時代の最も有名な天文学者は2世紀のアレクサンドリアで活躍したプトレマイオスですが、彼が著した天文学書『アルマゲスト』には、三角関数の前身である“三角法”についての詳細な計算が載っています。

こういった時代背景から生まれてきた三角関数ですが、その名の通り、三角形にまつわる数の関係性を表すものです。

三角関数とは何なのか、次ページ図表5-3に整理しました。簡潔にいうと、三角関数とは直角三角形の角度と辺の関係がどうなっているかを表したものです。

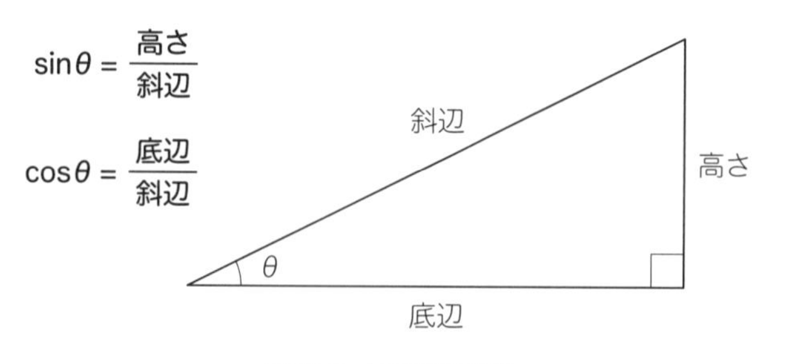

図表5-3　三角関数の定義

記憶の片隅にある方は、何となく、冒頭でもお話しした「サイン（sin）」や「コサイン（cos）」といった用語が頭の中に思い出されたかもしれません。

まず、サインとコサインの定義をここでおさらいしましょう。次のようになります。

<三角関数>

sin θ＝高さ／斜辺＝高さ÷斜辺

cos θ＝底辺／斜辺＝底辺÷斜辺

これ以外に「高さ÷底辺」のことをタンジェント（tan）と呼びます（この後の話のなかで使うのはサインとコサインだけなので、ここではタンジェントは忘れてかまいません）。

辺の比は他のパターンも考えられるのに、なぜ①「高さ

／斜辺」、②「底辺／斜辺」、③「高さ／底辺」の3通りだけにそれぞれサイン、コサイン、タンジェントと名前を付けて、それ以外には名前を付けないのかと疑問に思われるかもしれません。

しかし、実はこの3つを考えれば全パターン網羅されていることになるのです。辺の比を計算する際の組み合わせとして具体的に全パターンを書き出してみましょう。

すると、①「高さ／斜辺」、②「底辺／斜辺」、③「高さ／底辺」、④「斜辺／高さ」、⑤「斜辺／底辺」、⑥「底辺／高さ」の6通りがありえます。

これをよく見てみると、④～⑥はそれぞれ①～③と分母と分子が逆になっているだけで、辺の組み合わせは同じですね。

たとえば、④「斜辺／高さ」と①「高さ／斜辺」はどちらも斜辺と高さの比を見るものなので、どちらか一方だけを考えれば十分です。あくまで、必要なのは、2つの辺を比べることだからです。

そうやって整理すると、①～③だけを考えれば十分であることがわかります。①～③には名前があった方が便利なので、①から順にサイン、コサイン、タンジェントと名付けているわけです。

なぜこんな珍妙な（？）名前になったかについては歴史的な経緯があるのですが、話すと長くなるので、もし関心がある方は、ぜひ調べてみてください。

では、電波のお話に戻りましょうか。

さて、この三角関数を使えば、電波を表すことができてしまいます。

より正確に言うと、**電波に限らず、音（＝空気の振動）やバネの振動など、波であれば何でも三角関数で表すことができます。**

このことに気付いたのは、18世紀のフランスの数学者フーリエでした。この気付きが三角関数の応用範囲を段違いに広げ、それがめぐりめぐってデジタル時代の到来をもたらしたのです。

波を三角関数で表せることがよろこばしいのはなぜか。それは、波を三角関数という数式で表すことによって、コンピューターでの計算が格段にやりやすくなるからです。

たとえば、私たちがスマホで音楽を聴けるのも、音のデータを三角関数で表したうえでデータ量を減らす処理をほどこし、スマホのような小さな情報機器でも負荷なくデータを処理できるようにしているからです。

ここからは、世界を変えることになったフーリエの気付きを再体験していきましょう。どうすれば波を三角関数で表せるのかをステップを踏んで見ていきます。

まず、波は行ったり来たりの繰り返し運動です。電波以外にも、音、バネの振動、地震の振動、水面の波紋など身の回りには波がいろいろとありますが、電波に限らず、このような波は全て三角関数を使って表すことができるのです。

では、どうすれば三角関数で波を表すことができるのでしょうか？　一気に答えにたどり着きたいところですが、焦りは禁物。その前ステップとして、三角関数で「回転」を表すということを考えます。

回転→波と議論を進めるとわかりやすいので、そのように話を進めます。

回転と波はちがうじゃないかと思われるかもしれませんが、**回転は1周すれば元の場所にもどってくるので、波と同じ“繰り返し運動”です。この2つは実は兄弟のようなものなのです。**

そして、繰り返し運動には、この2種類しかありません。回転は1周すれば元の場所にもどってくる繰り返し運動ですし、波も行ったり来たりの繰り返し運動です。

まずは準備運動がてら、三角関数を使って回転運動を表すところからお話を始めていきます。それがわかってしまえば、三角関数で波を表す方法も容易(たやす)く理解できるでしょう。

円の軌跡を描く三角関数

回転は、別名で円運動ともいわれるように、ある点が円の軌跡を描きながら動いていく、と捉えます。たとえば、地球は太陽の周りを回っていますが、これは円運動です。円運動の半径は状況によって大きかったり小さかったりするでしょうが、ここでは理解していただきやすいように、半径1としておきましょう（半径が1以外のときもその後の議論の流れは変わりません）。

というと、1cmなのか1mなのか、長さの単位はどうなっているんだと思われるかもしれません。しかし、ここでは長さの単位が変わっても議論に全く影響しない（同じ理屈が通る）ので、あえて単位もなしで考えていきます。

仮にここで「1cmとする」などと単位をつけてしまうと、では1mや1インチなど単位が異なるときは成り立たない議論なのか……と余計な疑問が湧いて、本質の部分の理解をさまたげてしまいそうです。

ですので、話をシンプルにするために、単純に「半径1」とするのです。これを数学用語で「単位円」といいます。

本題に戻ります。

この単位円を、分析しやすくするために図表5-4のようにx軸とy軸の上に置いて考えてみましょう。

図中の点Bが単位円の上を回転しているとします。ここで、回転の中心AとBを結び、さらにBの真下（またはBの位置によっては真上）のx軸上にある点Cを結ぶと直角三角形ABCができ上がります。

ここで、Aのところの角度をθ（シータ）というギリシャ文字で表します。数学では角度を文字で表すときにθを使うことが多いため、ここでも、このようにします。高校の教科書でも、角度は大抵θという文字で表されていると思います。

さて、三角形ABCは直角三角形なので、三角関数が使えますね。具体的に先ほどのサイン、コサインの数式を当てはめると、

$$\sin\theta = \text{高さ} \div \text{斜辺} = \text{高さ} \div 1 = \text{高さ} = \text{辺BC}$$
$$\cos\theta = \text{底辺} \div \text{斜辺} = \text{底辺} \div 1 = \text{底辺} = \text{辺AC}$$

となって、三角形ABCの底辺の長さ（辺AC）は$\cos\theta$、高さ（辺BC）は$\sin\theta$であることがわかります。

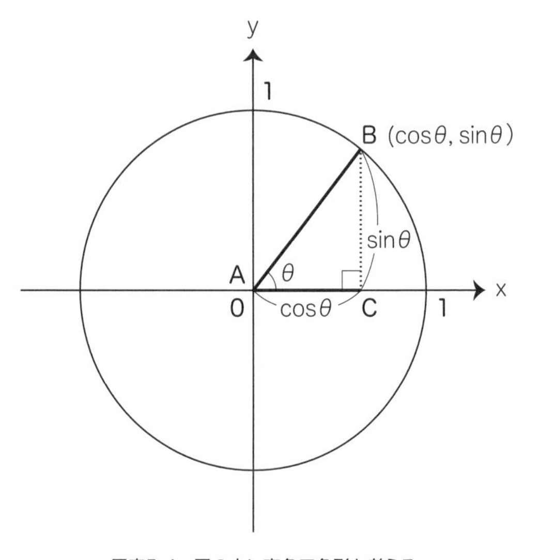

図表5-4　円の中に直角三角形を考える

図表5-4には、上記でわかった辺ACと辺BCの長さを書き込んであります。この図を見てみると、点Bの位置を三角関数を使って表せることがわかりますね。つまり、点Bはx軸上で見ると$x=\cos\theta$のところにあり、y軸上で見ると$y=\sin\theta$のところにあります。

ということは、点Bの位置を（x軸上の位置，y軸上の位置）というふうに表すと、（$\cos\theta$，$\sin\theta$）と書けることがわかります。こうして、円の上を回転している点Bの位置を三角関数で表すことができました。

三角関数で回転を表すためには、あともうひと工夫するだけでOKです。

仮に、図表5-4において単位円上の点Bが左回り（反時計回り）に回転すると考えると、角度θは時間とともに大きくなっていきます。

たとえば、点Bが60秒間（1分間）で1回転する状況を考えましょう。1回転は360°なので、1秒間で6°（＝360°÷60）だけ回転することになります。この場合、θは「θ＝6°×経過時間（秒）」と表すことができます。

そして、この点Bが（1，0）から反時計回りに動いていくとします。角度θ＝0°からスタートして、1秒後にはθ＝6°、2秒後にはθ＝12°、というふうに角度が大きくなっていきます。

そして、60秒後にはθ＝360°になって、点Bは元の位置に戻ってきます。

61秒後には$\theta=366^\circ$となり、計算上の角度が360°より大きくなってしまいますが、1回転して元の位置に戻ってから再スタートしたと考えれば、点Bは$\theta=6^\circ$のときと同じ位置であることがわかります。

同様に、121秒後には726°になりますが、これは2回転してから$\theta=6^\circ$の位置に来たことを意味すると考えればよいでしょう（$726^\circ=360^\circ\times2+6^\circ$）。

ここまでで回転している点Bの位置を$(x, y)=(\cos\theta, \sin\theta)$というふうに、三角関数を使って書くことができました。単位円より大きい円や小さい円の上をある点が動く円運動については、単に倍率を掛けるだけで対応できます。単位円は半径が1ですので、たとえば、半径2.5の円上を動く点の位置は$(x, y)=(2.5\times\cos\theta, 2.5\times\sin\theta)$と表せます。

これでめでたく、回転を三角関数で表すというミッションは完了しました。

「回転」と「波」は兄弟

さて、それでは、ここから「波」に入っていきます。

先ほどもご紹介しましたが、繰り返し運動には回転と波の2種類しかなく、回転については三角関数で表せることがわかりました。

すると、波も三角関数で表せるかもしれない！と期待したくなりますよね。実を言うと、今までの話の中で9割以上は答えが出てしまっています。

単位円の図表5-4（147ページ）を思い出してください。この図で、角度θが時間の経過とともに大きくなると考えれば、回転を表せるのでした。具体的には、単位円上の点Bが回転します。

さて、点Bのx軸上の位置とy軸上の位置の時間変化を見てみると、どのような動きをしているでしょうか？

図表5-5（次ページ）に、点Bのx軸上の位置とy軸上の位置の動きを示しました。

ともに、横軸が経過時間、縦軸が位置です。θは先ほどの例と同様に、1秒間に6°のペースで増えていくとします。

出発点である$\theta=0°$のとき、点Bは（x,y）＝（1,0）にあるので、x軸上の位置はx＝1からスタートします。

その後、点Bはθが大きくなるにつれて反時計回りに動くので、x軸上の位置はx＝−1へ向かっていき、そこからまた反転してx＝1へ向かっていくという繰り返しになります。

一方、y軸上の位置はy＝0からスタートしてy＝1へ向かっていき、そこから反転してy＝−1へ向かい、また反転してy＝1へ向かうという繰り返しになります。

この点Bを表すxとyの値の変化をそれぞれグラフにしてみると、1から−1の間で山と谷を一定周期で繰り返す波のような形になります。

具体的にどんな数式になるかというと、まずはθが1秒間に6°のペースで増えていくことから、「θ＝6°×経過時間」と表せます。そして、点Bの位置は先ほど出てきた通りに（x, y）＝(cos θ , sin θ）と表せるので、これらを組み合わせると、点Bの位置は（x, y）＝(cos（6°×経過時間), sin（6°×経過時間)）と表すことができます。

山と谷が繰り返し現れていて、波のグラフそのものですね。つまり、回転している点のx軸上、y軸上の動きは波に

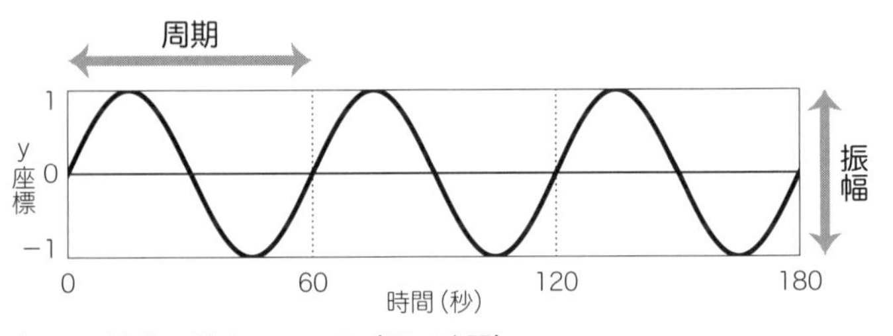

点Bのy軸上の動き：y = sin (6°×時間)

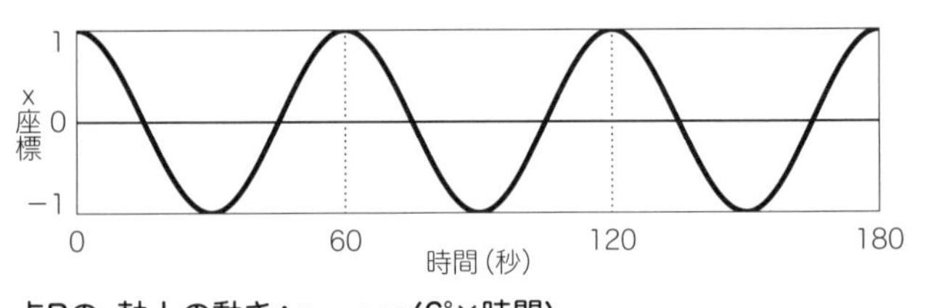

点Bのx軸上の動き：x = cos(6°×時間)

図表5-5　点Bの動き

なるのです。

そもそも、回転している点のx軸上とy軸上の位置は、共に決まった範囲（図表5-4の点Bの場合は−1と1の間）を周期的に行ったり来たりするので、それをグラフにしてみると、周期的に行ったり来たりする波の形を描くわけです。

回転と波は、一見するとちがう動きのように見えますが、裏でつながっていたのです。つまり、**回転と波は同じ動きを別の視点から見ているだけなのです。**

波の振れ幅のことを“振幅（しんぷく）”、波の1サイクル（山から次の山まで）の時間を“周期”と言います。図表5-5は、点Bが単位円上を1秒間に6°（60秒で1周）というペースで回転した場合のものなので、振幅は1、周期は60秒です。

円の大きさや回転の速さを調節すれば、さまざまな振幅・周期の波を表すことができます。たとえば、振幅2、周期10秒の波を表したい場合は、半径2の円上を、10秒間で1周するような点の動きを考えればOKです。10秒間で1周（360°）ということは、1秒間では360°÷10秒＝36°ですね。つまり、半径2の円上を、1秒間に36°というペースで回転する点を考えればよいということです。

同じように考えていくと、いろいろなパターンの波を三角関数で表すことができます。図表5-6に、そのほんの一例を紹介します。

さらには、こうして作った波形を足し合わせることで、よ

① sin（6°×時間）

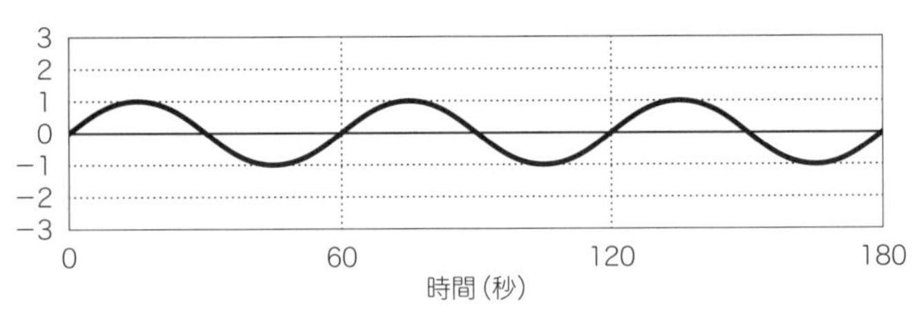

② 2sin（36°×時間）

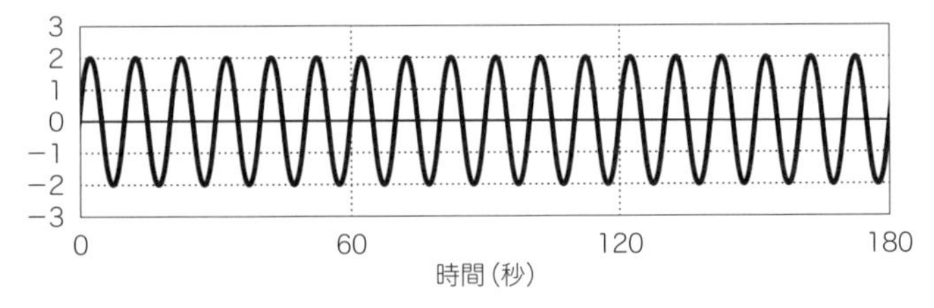

③ 2.8cos（3°×時間）

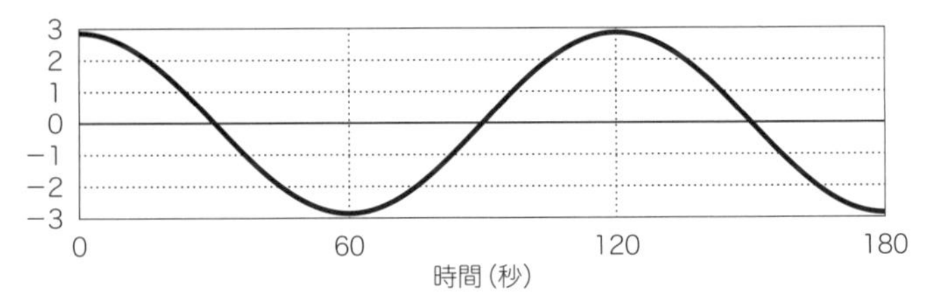

④ 0.7cos（17°×時間）

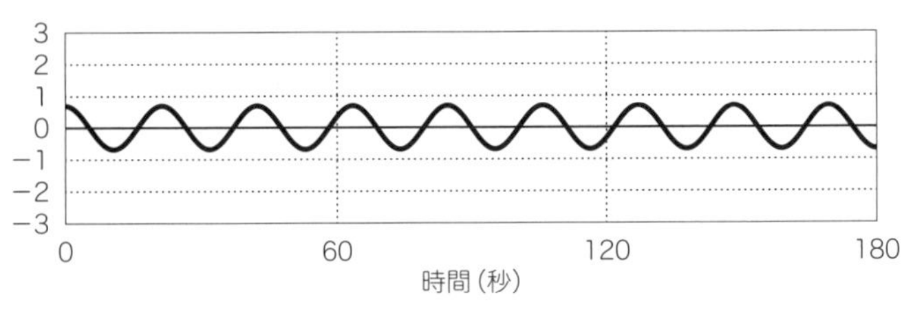

図表5-6　いろいろな振幅や周期の波が三角関数で表せる

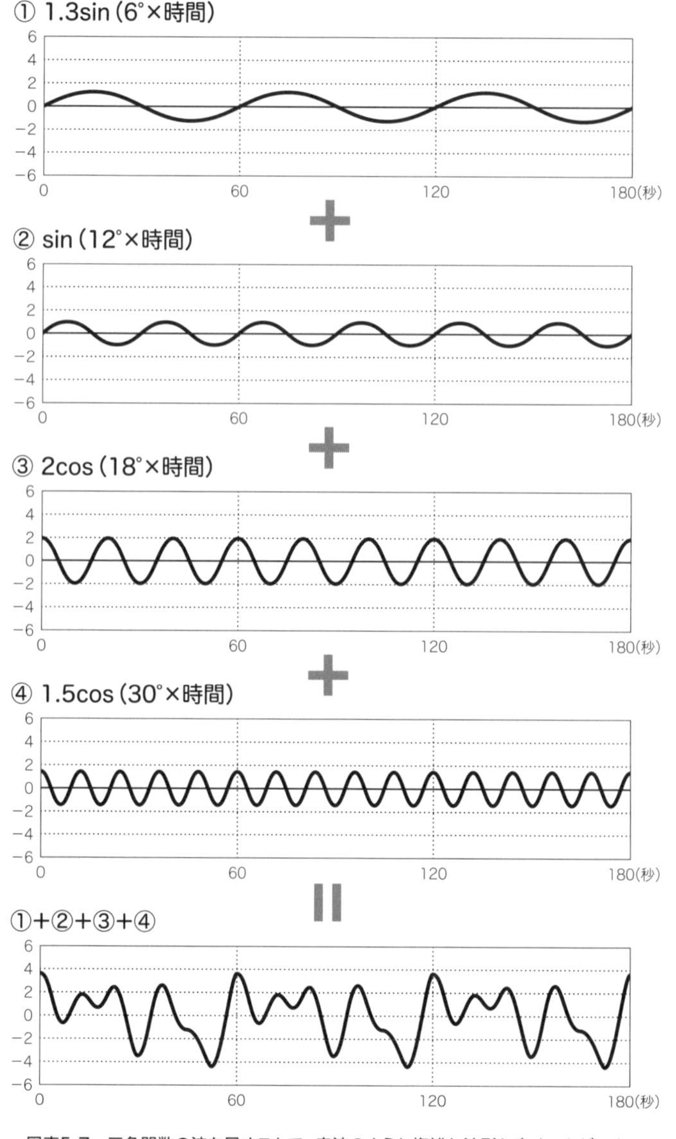

図表5-7　三角関数の波を足すことで、音波のような複雑な波形も表すことができる

り複雑な波形も三角関数を使って表すことができます（図表5-7）。

人の声や楽器の音などは波形がかなり複雑なのですが、そういう場合も同じやり方で対応できるということです。

このように、**波を三角関数として表現しなおすことを、発見者のフーリエにちなんで「フーリエ変換」と呼びます。**フーリエは、どんなに複雑な波形の波でも、三角関数を使って表すことができるということを数学的に証明しました。

つまり、今まで説明した方法は、いついかなる時も利用できる万能な方法ということです。

電波でメッセージを伝える方法

ここまで、波を三角関数で表せるという話をしてきました。

お待たせしました。いよいよ、本題に入っていきます。

繰り返しになりますが、電波は波の一種です。ということは、三角関数で表すことができるのです。

なぜそれが重要かというと、空間を飛び交う非常にたくさんの電波の中から自分が受け取るべきものを選り分けるのに使えるからです。

デジタル時代の現代は、通信のための電波が数え切れないほど飛び交っています。町では無数のスマホがひっきりなしに電波を飛ばしていますし、Wi-Fiや無線LANも電波を使っています。

無数に飛び交っている電波の大部分は、自分とは無関係の通信です。ですので、膨大な電波の中から受信すべき通信を選り分け、必要なもののみを取り出す必要があります。

そのために、MIMO-OFDMと呼ばれる技術が使われています。この技術自体は非常に専門的なので、ここでは詳しい説明は省きますが、一言でいえば、**膨大な電波をフーリエ変換によって三角関数で表して分析し、自分に関係のある通信だけを選り分ける技術**です。

電波を三角関数という数式に落とし込むことで、非常に精緻に選り分けることができるのです。

この技術があるからこそ、無数の情報端末が混乱なくお互いに通信できています。みなさんがトラブルなくスマホを使えているのは、三角関数のおかげなのです。

電波ラブレターを書こう

ここまで、モバイル通信の基幹技術に三角関数が使われているという話をしてきました。やや抽象的な話が続いたので、ここからは具体例をもとに、伝えたい情報をどうやって電波に変換するのかを見ていきましょう。

少しややこしい話になるので、興味を持続していただくために青春物語ふうに語っていきます。どうぞおつきあいください！

あるモバイル通信に詳しい女子高生が、同じクラスの意中の男子に「スキ」（好き）という言葉を伝えたいと考えました。しかし、そのまま伝えるのは恥ずかしいので電波に変換して「電波ラブレター」として伝えることにしました。

どうやって変換したのか、ここからその手順を見ていきましょう。手順の概要は161ページの図表5-8にまとめてありますが、ここから各ステップを詳しく説明します。

電波ラブレターの作り方

▶Step1

まずは、「スキ」という言葉をデジタルデータ（＝0と1の組み合わせ）に置き換える必要があります。

「スキ」という言葉は「ス」という文字と「キ」という文字の組み合わせに分解できます。

「ス」という片仮名は、日本語のコーディング（コンピューター内で文字をコード管理するための取り決め）で一般的に使われている「Shift-JIS（シフトジス）」においては189番目の文字であり、189は0と1の組み合わせ（2進数）で「10111101」と表されます。

同様に、「キ」という片仮名はShift-JISで183番目であり、2進数では「10110111」です。

これで、「ス」と「キ」を0と1の組み合わせに置き換えることができました。

▶Step2

いよいよ、メッセージを電波の波形に変換するステップです。先ほど、「ｽ⇒10111101」、「ｷ⇒10110111」という読み替えを行いました。ちょっとゼロとイチが多くてわかりづらいので、真ん中で分割して考えます。

つまり、ｽ⇒10111101⇒1011と1101という形で、4桁ずつに区切ります。

こうすると、1つの文字は、4桁の2進数が2つ組み合わさったものとして表されることになります。

なぜ4桁に区切ったかというと、こうすると三角関数との対応付けがやりやすいからです。

というのも、4桁の2進数は、「0000」、「0001」、「0010」、「0011」、「0100」、「0101」、「0110」、「0111」、「1000」、「1001」、「1010」、「1011」、「1100」、「1101」、「1110」、「1111」の16パターンしかありません。

なので、152ページでお話しした要領で、三角関数を使って振幅と周期の異なる16通りの波を作り、それらを16パターンの2進数と対応させればよいのです。

そうすると、文字⇒2進数⇒（電波の）波形という形で、文字を電波の波形に機械的に変換していくことができます。

ちなみに、このようにして文字データ等を波形に変換する手順のことを16QAMと呼びます。

▶ **Step3**

最後に、電子回路を使ってStep2ででき上がった波形の電波を発生させ、意中の相手へ飛ばせばOKです！

以上がラブレター電波の作成手順です。

みなさんも、意中の人に気持ちを伝えたいときや、だれかに秘密のメッセージを送りたいときは、メッセージを無線電波に変換して、その波形を相手に送るとよいかもしれません。相手にフーリエ変換の知見があればきっとメッセージを読み取ってくれることでしょう。

かなり長くなってしまいましたが、星の動きを研究するために発展してきた三角関数が、21世紀のデジタル通信を支えているという物語は、いかがでしたでしょうか。

三角関数はもともと三角形の辺の長さを計算する手段でしたが、147ページの図表5-4のように円の中の三角形を考えるという工夫によって、それが波を表すためにも使えるようになった、というところが大きなブレイクスルーです。

三角形と波は一見すると全くちがうもののようですが、数式にしてみて初めて、本質がつながっていたことがわかりました。

高校時代に三角関数を学んだ方は、「これが何の役に立つの……？」と思ったかもしれません。役に立つどころのさわぎではなく、デジタル時代を根幹で支えているのです。

あなたがインターネットを使っているとき、スマホでメッセージやメールを送っているとき、その裏では三角関数を使った膨大な計算がなされています。これからも私たちは、ますます三角関数のお世話になることでしょう。

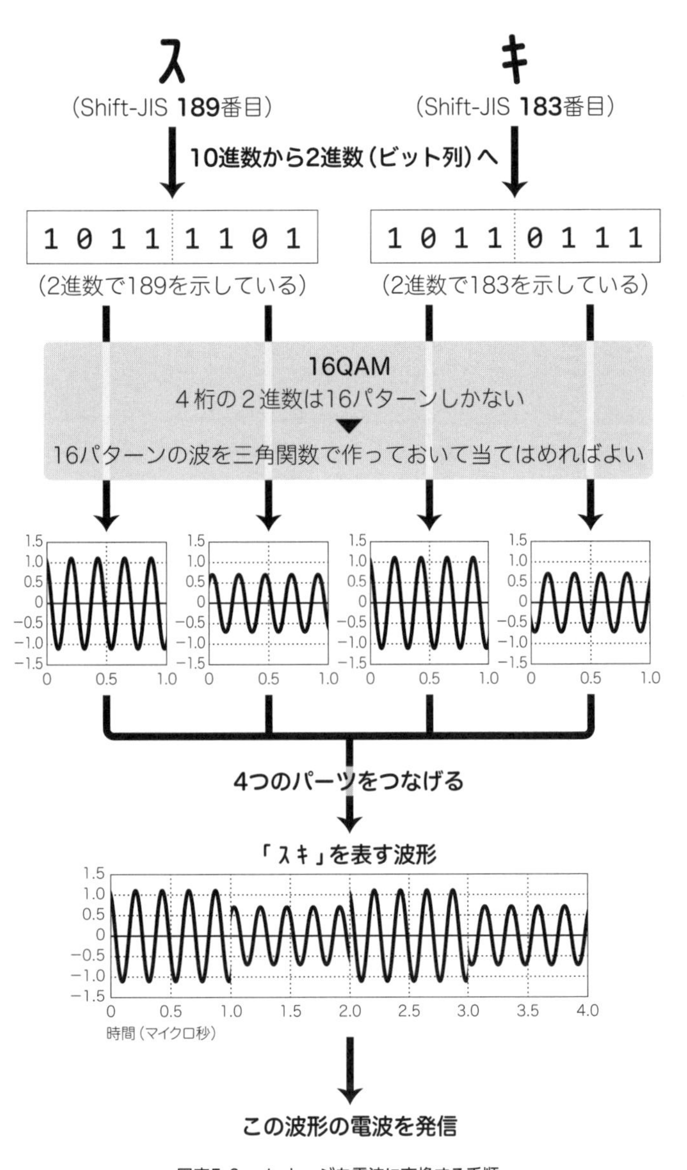

図表5-8　メッセージを電波に変換する手順

CHAPTER.6

数式で人類は宇宙に

「質量×速度」の

飛び出した

総和 ＝ 一定の値

ロケットを打ち上げるしくみ

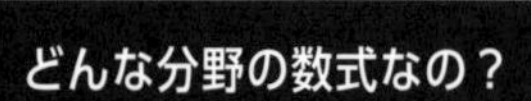

ロケット工学の始まりともいえる式だよ。

何に使われている数式なの？

物体が互いにぶつかったりして複雑に動いているときでも、その運動（＝質量×速度）の総和は増えも減りもしていないという法則、すなわち「運動量保存則」を表している式なんだ。

何がきっかけで、この数式が産まれたの？
世の中のどんな課題を解決したのかな？

運動量保存則は、17世紀の哲学者デカルトが、神について考察する中でたどりついた考え方だった。

デカルトは、「神が宇宙を創造したときに、物質に運動を与えた。全能の神が与えたのだから運動の総量は増えも減りもしない」と考えて、運動量保存則の原型となる考え方を提唱したんだ。

デカルトの考えには正確でない部分もあって、のちに、オランダの物理学者・ホイヘンスが正確な数式を完成させたんだよ。

この数式によって、世界はどう変わったんだろう？

デカルトは神に関する考察から運動量保存則（の原型）を作ったのだけれど、現在では、この法則はロケットの原理となり宇宙時代を支えている。

神学からはじまった考えが、最先端の科学に用いられているなんて驚くよね。

19世紀末、ロシアの物理学者ツィオルコフスキーは、運動量保存則を利用して宇宙を移動できる乗り物、すなわち、ロケットを考案した。

ロケット技術は第2次世界大戦のV2ロケットにおいて初めて実用化されたんだけど、その後、冷戦下の宇宙開発競争で飛躍的な発展を遂げたよ。

人類は宇宙時代へと足を踏み入れ、今では新たな宇宙ビジネスが次々と誕生しているのは、みなさんもよく知っているんじゃないかな？

ロケットは戦争から生まれた

最近、宇宙開発の分野で大きな変化が起きています。というのも、宇宙開発は今までずっと国家が推し進めてきたのですが、最近になって民間企業によるロケット打ち上げが活発になっているのです。

今まさに私たちは、民間企業がリードする新しい宇宙時代の入り口に立っています。

宇宙というとワクワク感がありますが、宇宙開発の歴史は決して希望に満ちたストーリーばかりではありませんでした。そもそも、宇宙へ行く乗り物である「ロケット」は、戦争から生まれたのです。

世界で初めてロケット技術が本格的に実用化されたのは、第2次世界大戦でナチスドイツが使用したV2ロケットでした。V2ロケットは火薬を積んだロケットで、今でいうミサイルのはしりです。

主にイギリスとベルギーを攻撃するために使われていたもので、両国に合わせて3000発以上が撃ち込まれ大きな被害をもたらしました。

ドイツの敗戦後、戦勝国の米国やソビエト連邦（今のロシア）がドイツのロケット技術に注目し、ロケット技術者、ロケットの実物、そしてロケットに関する資料を我先にと確保しました。その結果、ドイツのロケット技術はこの2

国に引き継がれることになりました。

第2次世界大戦の終結後、米国とソビエト連邦は世界の覇権を争って冷戦（いつ核戦争が起こってもおかしくないような緊張状態）に突入します。

そんな中で両国は、国家の威信をかけた宇宙開発競争に力を注いでいきました。

冷戦期の宇宙開発の実績はすさまじいもので、世界初の人工衛星スプートニク1号の打ち上げ（ソビエト連邦）、世界初の有人宇宙飛行（ソビエト連邦）、人類を月に送ったアポロ計画（米国）など偉大な業績が相次ぎます。

冷戦終結後は、宇宙開発は主に軍事目的や国民の利益のために行われるようになりました。天気予報のための気象衛星の打ち上げ、米国によるGPS衛星（スマホやカーナビのGPSはこの衛星からのデータを使っている）、各国の軍事衛星などです。

これらは、国民にとって有益なサービス（天気予報、GPS、防衛など）を提供するために国家が主導で開発したものです。

しかし最近になって、民間企業による宇宙ビジネスが盛んになってきています。人工知能（ＡＩ）と組み合わせた宇宙関連データの活用が増え、さらにだれでも利用しやすくなってきたからです。

その代表的なもののひとつが、衛星画像データです。

衛星データはさまざまな分野で活用されています。たとえば、災害が発生したときに被害を受けた地域の衛星写真を撮影しておいて、ハザードマップ（どこでどんな災害が起こりやすいかを地図上に示したもの）を作り、今後の防災に役立たせることができます。

他にも、森林の衛星画像から木が違法に伐採されていないかを監視したり、建設現場の衛星画像から工事の進み具合をリアルタイムで把握したり、ショッピングセンターの駐車場の衛星画像から車の台数を集計し、どの時間帯に来店者が多いのか、少ないのかを分析したり、実に多様な目的で衛星データは使われています。

ヘッジファンドが衛星画像を使うわけ

おもしろいところでは、ヘッジファンド（富裕層等からお金を集めて運用するファンド）が、純粋なお金儲けのために衛星画像を利用している例もあります。

彼らは原油の売買で利益を得るファンドで、衛星画像を使って世界中の原油タンクを上空から監視しています。

原油タンクには上に「浮き屋根」と呼ばれるフタがついているのですが、そのフタは固定されておらず、原油の上に浮いているような感じになっています。

もし屋根が固定されていると、原油が減ったときに屋根と原油の間に空間ができて、原油が蒸発しやすくなってしまいます。その点、浮き屋根は原油の上に浮いている（屋根と原油の間にスキマができない）ので原油が蒸発しにくいという利点があります。

タンク中の原油の量が減ると、浮き屋根が下にさがっていきます。すると、下がった分だけ浮き屋根に日光が当たりにくくなって影ができます（図表6-1）。この影は、浮き屋根が下にいくほど大きくなります。

つまり、衛星を使って上空からタンクの写真を撮ると、タンクの中の原油が少ないほど影が大きくなるのです。

そこで、衛星写真に写った影をＡＩにより解析することで、中の原油が少ない（浮き屋根が下がっている）のか多い（浮き屋根が上がっている）のかを推定しています。

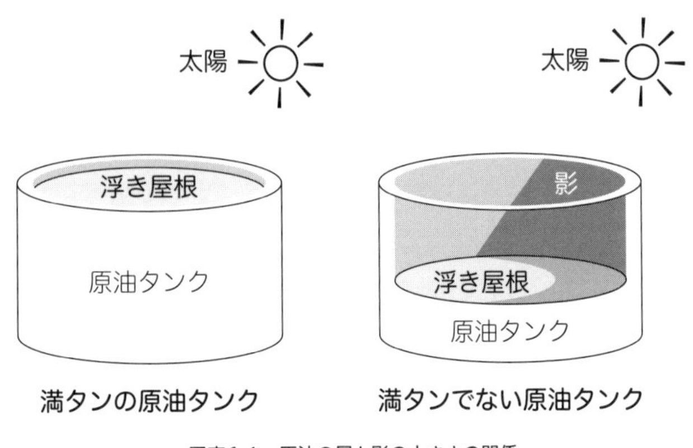

図表6-1　原油の量と影の大きさの関係

タンクの中の原油の量をこの方法で推定すると、世界全体で原油が余っているのか不足しているのかがわかります。

原油が不足していればその後に値上がりする可能性が高いので、そのヘッジファンドは値上がりする前に原油を買っておきます。そして、実際に値上がりしたときに売って利益を得るのです。

このように、衛星データとＡＩを組み合わせたビジネスが世界的に広がってきたので、そういったサービスを提供する宇宙企業が次々に誕生しました。世界初の民間人による有人宇宙飛行を実現させたSpaceX社（著名な起業家イーロン・マスク氏が立ち上げた宇宙企業）などがその代表例です。

この宇宙時代のきっかけを作ったともいえるのが、ソビエト連邦の科学者コンスタンチン・ツィオルコフスキーです。彼は、1897年に運動量保存則というものからロケットの原理を考えた最初の科学者で、その業績から「宇宙飛行の父」と呼ばれています。

人類初の有人宇宙飛行としてソ連が打ち上げ、同国の宇宙飛行士ガガーリン（地球に帰還したときの「地球は青かった」という言葉はあまりにも有名ですね）が搭乗したボストーク1号も、人類を月へ送った米国のアポロ11号も、小惑星のサンプル採取に世界で初めて成功した、ご存じ、日本のはやぶさも、先ほどお話しした初の民間有人宇宙飛行を成功させたSpaceX社のクルードラゴンも、全てツィオルコフスキーが考えたロケットの原理にもとづいて設計されています。

全知全能の神に与えられた「運動」

ロケットの製造には高度な技術が必要なので、国産ロケットによる人工衛星打ち上げ能力を持つ国は限られています（ロシア、米国、フランス、日本、中国、イギリス、インド、韓国など）。

技術的にはそれほど難しいシロモノですが、ロケットが飛ぶ原理そのものはとても簡単です。ロケットは、「運動量保存則」と呼ばれる法則を利用して飛んでいるのです。

「運動量保存則」という言葉を初めて聞いた方もいらっしゃるでしょう。これは、動いている物体に関する物理法則の1つです。**物を動かすとき、軽いものは簡単に動かせますが、重いものを動かすのは大変ですよね。そのことを数学的に厳密に表したのが「運動量保存則」です。**

物を動かすときの大変さは、重さ（質量）と速さ（速度）で決まります。200gのリンゴは押せば簡単に動かせますが、100kgの金庫を押しても簡単には動きません。

また、野球のボールを時速30kmで投げるよりも時速100kmで投げる方が大変です。

ちなみに、野球選手の球速は中学生のエース級で時速100km強なのに対し、プロ野球選手の最高峰になると時速160kmを超えるそうです。速く投げることが難しいからこそ、プロ野球というビジネスが成立します。

物を動かす上で、質量が大きいほど、そして速度が大きいほど難しいのならば、いっそのこと2つを掛け算して、難しさを1つの基準で表したい。

物理学の世界では、そのような考え方に基づいて運動を議論するのが一般的で、質量と速度を掛け算した値に「運動量」という名前を付けています。

そして、運動量については次のような法則が成り立つことがわかっています。

運動量保存則

外から力が加わらなければ、

「質量×速度（＝運動量）**」の総和は変化しない。**

これが、ロケットの飛ぶ原理である「運動量保存則」です。

この法則は、もともとは17世紀のフランスの哲学者デカルトによって提唱されたものです。キリスト教が絶対の力を持っていたこの時代に、デカルトは「全知全能の神」に関する考察からこの法則に至りました。

デカルトはまず、「神がこの宇宙を創造し、物体に運動を与えた」と考えます。そう考えると、運動は「世界の始まり」に全能の神から与えられたものだということになります。

「運動」は、全能の神が与えたものだから失われることはなく、また、神でない者が新たにつくることもできない。したがって運動の総和は変化しないのだと彼は考えました。

すると次に来る疑問は、ここで話題にしている「運動」とは具体的には何を指すのかということです。これを定義しようとする過程で、「重い物体ほど動かしづらく、軽い物体ほど動かしやすい」という当然の事実も理論的に説明する必要が出てきました。

そうして彼はさまざまな研究を行い、「質量×速度」の総和、すなわち運動量が変わらないと考えるに至ったのです。

つまり、「質量×速度」の総和が変わらないので、重い（＝質量が大きい）物体ほど速度は小さくなるということです。

デカルトの考え方は、後の物理学者ホイヘンスによってより正確な形で表され、実験でも正しいことが確かめられたことにより、運動量保存則が完成されました。

神に関する考察から生まれた法則という点はとてもユニークですが、現代の物理学者は運動量保存則と神を関連付けて考えてはいません。

運動量保存則は、現代では理論的にも実験データによっても正しいことが裏付けられている、れっきとした物理法則です。

宇宙飛行士、宇宙でボールを投げる

しかし、これだけだとロケットとどう関係しているかがまだ見えづらいので、もう少し説明をしていきます。

運動量保存則について理解を深めるため、具体例で考えてみましょう。

左側から時速10kmで飛んでくる質量10kgの鉄球Aが、静止している別の鉄球Bに当たるところを考えます（図表6-2）。静止している鉄球Bには強力な粘着テープが貼られていて、飛んでくる鉄球Aと衝突した瞬間、2つの鉄球がくっついてしまうことにしましょう。

時速10km

鉄球A
（質量10kg）

鉄球B
（質量10kg）

図表6-2　静止している鉄球Bに鉄球Aが右からぶつかる!

このとき、仮に鉄球Bも10kgだった場合、ぶつかった後、鉄球Aの速度はどうなるでしょうか？

10kgの鉄球と10kgの鉄球がくっつくので、くっついた後の質量は20kgです。

ここで、運動量保存則の「外から力が加わらなければ」という条件について注意です。

これは、より正確に表現すると、「AとB以外の外の世界から力が加わらなければ」という意味です。ですので、AとBがぶつかって互いに力を及ぼし合うのは「外から力が加わった」ことにはなりません。

すなわち、今考えているケースでは、運動量保存則が成り立ちます。

運動量保存則によると、衝突の前後で「質量×速度」の値が変わらないはずなので、

$$10\text{kg}\times10\text{km/h}=20\text{kg}\times\square\text{km/h}$$

が成り立つはずですね（重力や空気抵抗等は無視しています）。この式を解くと、□に入る数字は5になります。このように、運動量保存則を使えば、運動している物体のふるまいを知ることができます。

今度は逆の状況を考えてみましょう。物体がくっつくのではなく、物体が分裂するという状況です。

たとえば、宇宙空間で宇宙飛行士がボールを投げる状況を考えるとよいでしょう。宇宙飛行士とボールが一緒にいた状況からボールだけが離れていくことになるので、これは物体が分裂したのと同じ状況になります。つまり、「宇宙

飛行士 with ボール」だったものが「宇宙飛行士」と「ボール」に分裂したということです。

問題

ある宇宙飛行士は、宇宙でボールを投げるとどうなるのかに興味があり、宇宙服のポケットにこっそり野球ボールを忍ばせていました。

そして、宇宙船の傍らで船外活動をしているときにポケットから野球ボールを取り出し、宇宙空間に向かって投げてみました。すると、ボールは時速100kmで飛んでいきました。

一方、宇宙飛行士は、ボールを投げた反動で反対方向へ飛んでいきました（地上だと地面に足がついているのでボールを投げた反動くらいで人体が飛ばされたりしませんが、宇宙空間では支えるものが何もないので人間の方も反動で動きます）。

さて、宇宙飛行士は時速何kmで飛んでいきましたか？

宇宙飛行士は、ボールを投げる時点では静止していたとします[1]。また、宇宙飛行士の体重は100kg、野球ボールの重さは1kgだったとします。

時速100kmでボールを投げるなんて、かなり肩のしっかりした宇宙飛行士だなと思うかもしれませんが、計算を簡単にするためにきりのよい数字にしているだけですのでご容赦ください。

仮に、宇宙飛行士の体重を100kgとしましょう（宇宙服込みの重さです）。そして野球ボールを1kgとします。本当はもっと軽いでしょうが、こちらも計算を簡単にするために数字を丸めています。

最初はボールも宇宙飛行士も静止[3]していました。静止していたということは、速度がゼロということです。速度がゼロということは、運動量（＝質量×速度）もゼロです。そう考えると、この場合の運動量保存則は次のように表されます。

$$0 = \underbrace{100\text{kg} \times \square\text{km/h}}_{\text{宇宙飛行士}} + \underbrace{1\text{kg} \times 100\text{km/h}}_{\text{野球ボール}}$$

これを計算すると、□の中に入る数字は「−1km/h」（時速−1km）となりマイナスが出てきます。マイナスが付いているのは、宇宙飛行士が野球ボールとは反対方向に運動していることを表しています。

つまり、宇宙飛行士は、野球ボールを投げた反動で、後

3　読者の中には、「地上とちがって地面も何もない宇宙空間で、何を基準に“静止していた”と言っているのか」と疑問に思われる方もいらっしゃるでしょう。ここでは、状況設定が複雑になりすぎないようにあえて書きませんが、宇宙船に対して静止していると考えてください。

方に時速1kmで飛んでいったということです。

ここでポイントなのは、ボールを投げるだけで宇宙飛行士は自分自身を動かすことができたということです。この状況をより一般化すると、**宇宙空間では何かを発射（先ほどの例ではボール）すると、その反動で反対方向へ動くことができる**ということです。

ロケットは、どうやって飛ぶ？

ロケットも、この「何かを発射した反動で動く」仕組みを使っています。ロケットの場合、発射しているのは「排気ガス」です（排気ガスなので噴射といった方がしっくりきますね）。

つまり、図表6-3のように、燃料を激しく燃やすことで生じた排気ガスを勢いよく噴射し、その反動で動いています。

ロケットは、宇宙を進んでいくために大量の排気ガスを噴射し続ける必要があります。そのため、実はロケットの質量の約9割は燃料なのです。この燃料を燃やして排気ガスを噴出しながら進んでいくため、燃料が空っぽになったころのロケットは、元の重さの10分の1くらいになっているということです。

ツィオルコフスキーは19世紀末に、運動量保存則を活用

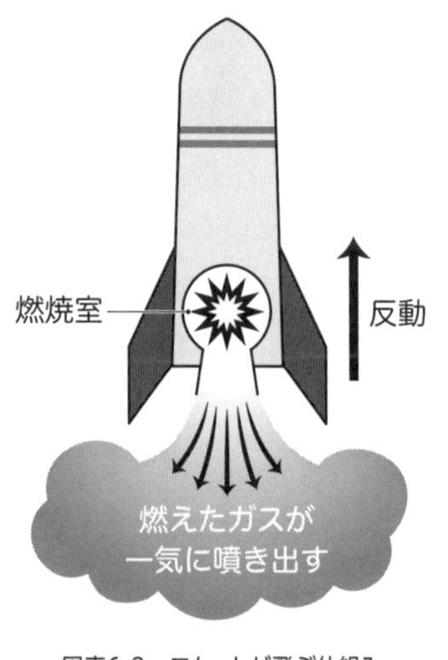

図表6-3　ロケットが飛ぶ仕組み

すれば宇宙までも行けてしまうだろうと世界で最初に気付き、ロケットの推進原理を考案しました。

彼は、運動量保存則にもとづき、ロケットを飛ばすために排気ガスをどれくらいの勢いで噴射すればよいかを計算する「ツィオルコフスキーの公式」を導出しました。ツィオルコフスキーの公式はやや複雑なので掲載はしませんが、この公式がロケット工学の基礎になっています。

さらに、彼は宇宙ステーション（宇宙にある有人実験施設）やスペースコロニー（宇宙に浮かぶ巨大な居住施設）などの技術についても基本的なアイデアを提唱し、「地球は人類のゆりかごだが、いつまでもゆりかごに留まることはできないだろう」という言葉を遺しています。

宇宙へ行くことは特別な体験で、世界観が変わることも少なくないようです。アポロ14号で月面へ降り立ったエドガー・ミッチェルは、地球帰還後に「神の存在を感じた」と語り、その後は思想家として活動しました。

神への考察から生まれた運動量保存則がロケットの原理となり、人類を月へ送って神を感じさせたのです。

宇宙技術は目覚ましく進歩しているので、そう遠くない将来、宇宙空間が旅行先の候補に入ってくる時代がくるかもしれません。そのときに私たちは、宇宙で何を感じるのでしょうか……？

CHAPTER.7

この数式で自動運転

事後確率＝新しいデ

車は安全に走る

ータの影響 × 事前確率

情報をアップデートしつづけるワザ

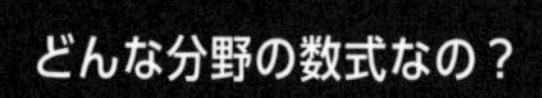

人工知能と関係しているよ。

何に使われている数式なの？

自動運転車のＡＩが情報を素早くアップデートしていくしくみを表す式だよ。

何がきっかけで、この数式が産まれたの？
世の中のどんな課題を解決したのかな？

この数式のもととなる考え方は、「キリストの奇跡」を証明するために生み出されたんだ。

18世紀のイギリスの牧師トーマス・ベイズは、哲学者デイヴィッド・ヒュームが著書の中で「キリストの奇跡が実際に起きた確率は極めて低い」と主張したことに腹を立てていた。

それで、キリストの奇跡が実際に起きたことを証明するための数学理論を提唱した。

その理論を後の数学者ラプラスが数式に表したものがベイズの定理なんだ。

この数式によって、世界はどう変わったんだろう？

意外なことに、18世紀に生まれたこの数式は、使い道が見当たらず長い間埋もれていたんだ。

というのも、ベイズの定理を実用に役立てようとすると、膨大な計算が必要になってくる。
だから、コンピューターがない時代には、その計算をすることが現実的でなかったから、活用しづらかったんだね。

コンピューターが進化して普及したことで、世界を動かす数式に変貌したというわけ。

ベイズ推定を用いたＡＩは、人間の能力をはるかに超えた膨大な情報を取り込んで、はるかに速いスピードで判断することができる。

社会がシンギュラリティへと向かっていくといわれる現代において、その活用の場はますます広がっているんだ。

「キリストの奇跡」が起きる確率

Chapter.1では、翻訳やニュースの読解などを行うＡＩ（＝人工知能）の話をしました。このChapter.7では、車を運転するＡＩが登場します。この車を運転するＡＩに使われている数学理論が、キリスト教の論争から生まれたものと聞いたら驚くでしょうか。

近年、統計学がビジネスのさまざまなシーンで当たり前のように使われるようになりました。特に、人工知能の分野で注目されているのが「ベイズ統計学」と呼ばれる統計学の新分野です。

新分野といっても、ベイズ統計学自体はかなり以前から存在はしていました。これを創り出したのは、トーマス・ベイズという名の18世紀のイギリスの牧師です。その誕生の経緯はかなり独特で、ベイズは“キリストの奇跡を立証するために”この定理を考え出したのでした。

1748年のこと、スコットランドの哲学者デイヴィッド・ヒュームは著書『人間知性研究』で、それまで真理と考えられていたものに懐疑を投げかけました。

その本の中で彼は、多くの人たちが信じてきた聖書に記されているキリストの復活（キリストが十字架にかけられて亡くなったあとで復活したという出来事）が実際に起きる確率は極めて低く、むしろキリストの復活を見たという人々の証言が不正確である確率の方がずっと高いと述べたのです。

牧師だったベイズはこれを読んで怒り、復活の奇跡を疑いの余地なく立証するために数学を使った考察を始めました。

聖書には、キリストの復活を目撃した人々の証言が多く残されています。ベイズはこの点に着目し、目撃証言の1つ1つが仮に不確かだったとしても、多くの独立した証言があることを踏まえると実際に起きた確率が高いと結論付けられると考えました。

死者の復活があり得ない話（＝発生確率が低い）であっても、多くの人がそれを目の当たりにして経験しているという事実を考慮すると、それは実際に起きた（＝発生確率が高い）といえるのだということです。

ベイズは、この考え方を数学の言葉で表現したのです。

その後、ベイズの試みに賛同したプライス牧師によってこの考え方が広められ、さらに数学者ピエール・シモン・ラプラスの目に留まり、彼の手によって数式の形で表現されました。

こうしてベイズの定理が誕生したのです。

18世紀から寝かされつづけた「ベイズの定理」

しかしベイズの定理は、長い間日の目を見ることがありませんでした。というのも、**経験を考えに入れる前のそもそもの確率、すなわち「事前確率」（ベイズのオリジナルの考え方では、死者が生き返る確率）を客観的に決める方法がわからなかった**からです。

ベイズは、死者が復活する可能性を「きわめて低いがゼロではない」と考えたのですが、この考え方に納得しない人も少なくないでしょう。

また、**ベイズの定理を実社会に応用するためには膨大な計算が必要になるため、応用という意味でも現実的ではありませんでした。**

しかし、近年のコンピューターの発展によって膨大な計算が簡単に行えるようになったことから、21世紀に入ってからはさまざまな分野でベイズの定理の応用が爆発的に広がっています。

たくさんのデータを扱うための数学は「統計学」と呼ばれています。ベイズの定理は数学の分野としてはこの統計学にあたります。ただし、統計学の専門家の多くは、**ベイズ統計学はこれまで「統計学」と呼ばれてきた学問とは大きく異なるもの**だと考えています。そのため、ベイズの定理を使った統計学のことを特別に**「ベイズ統計学」**と呼ぶことが多いのです。

従来の統計学は、目の前にあるデータの分布の平均値や広がり具合などを分析することによってそのデータの特徴を捉えようとするもので、こちらはかなり以前から実社会に応用されてきました。

もともと使われてきた統計学があったのに、なぜ近年、ベイズ統計学が注目されはじめたのでしょうか。

それは、コンピューターや通信技術の発達で、扱うデータが昔とは比べ物にならないくらい増えてきたことが関係しています。

現代はビッグデータ時代とも呼ばれ、新しいデータが次々と生み出されています。手元のデータで分析を行っていても、分析している最中に、無視してはいけない新しいデータがどんどんやってくるといった忙しさです。

手元のデータを使って分析を行っていたところ、新しいデータが追加されてきたとしましょう。

従来の統計学では、新しく来たデータを今までのデータに追加した上で、分析を一からやり直す必要があります。というのも、従来の統計学における分析手法は、全部のデータがすでにそろっているという前提で作られている（データが追加されるという状況に対応していない）からです。

つまり、今手元にあるデータだけで、あるいはデータ全部そろえたところで、分析を始めるわけです。

一方、**ベイズ統計学では、既存のデータによる分析結果をもとにした上で、新しく来たデータを使ってその分析結果をアップデートするという考え方を取ります。**

つまり、新しくデータが足されていくような場合にもうまく対応しているということです。そのためベイズ統計学は、新しいデータが次々と生み出されるビッグデータ時代に非常にマッチしています。

もともと理論自体は古くから完成していましたし、応用の可能性も専門家の中では認識されていたのですが、先ほど説明したように計算が大変なのが難点でした。それがコンピューターの発展と共に膨大な計算が素早く行えるようになったため、一気に実用化が進んだのです。

インターネットの検索エンジン、迷惑メールフィルタ、AIによる自動運転、お客さんが商品を買う確率の予測、がん検査など、いくつもの分野でベイズ統計学が応用されています。

事前確率と事後確率

大まかな説明が一通り終わったので、ベイズ統計学の中身についてさらに踏み込んで説明していきます。

先ほど出てきたように迷惑メールフィルタにはベイズ統計学が応用されていて、「このメールが迷惑メールである確率は〇〇%である」というふうに分析結果を確率として出力します。このようにベイズ統計学では、分析した結果を確率として出力します。

くりかえしますが、ベイズ統計学は、新しいデータを学習することで今までの分析をアップデートしていくのが特徴です。ですので、**新しいデータを読み込む前の分析結果**

（＝確率）を「事前確率」、新しいデータを学習した後の分析結果（＝確率）を「事後確率」と呼んで区別しています。

新しいデータを読み込む前（事前）か後（事後）かで、分析結果を明確に区別しているということですね。

このベイズ統計学は、絶え間なく追加される膨大なデータを次々と処理・判断していく現代のＡＩを支える重要なテクノロジーになっています。

というと何やら複雑な数式が出てくるのかと警戒してしまいますが、何のことはありません。冒頭の数式を見ていただくと、単なる掛け算になっています。

念のため、こちらにもう一度載せておきましょう。

ベイズの定理

事後確率＝新しいデータの影響×事前確率

この式は「ベイズの定理」と呼ばれていて、ベイズ統計学の根幹を成す重要な数式です。**新しいデータの影響を掛け算するだけで確率をアップデートできてしまいますよ**ということです。

この定理の便利なところは、事後確率を計算してしまったあとは、計算のもとになったデータはもう不要になるという点です。

先ほど、従来の統計学では新しいデータがくると、それをもともとあったデータに加えて計算をやり直す必要があると説明しました。

　それはつまり、もともとあったデータを全てとっておかないといけないということです。

　そのデータ量が少なければ何も問題はないのですが、今はビッグデータ時代で、膨大なデータが際限なく生み出されています。新しいデータがやってきたときのためにそれらを全部とっておけと言われてしまったら、コンピューターの記憶容量がいくらあっても足りません。

　しかし、**ベイズの定理では、新しいデータを使って事後確率を計算してしまえば、そのデータはもう捨ててかまわない**のです。

　このため、コンピューターの記憶容量を節約できます。

　さらに、この**ベイズの定理は繰り返し使えます。**

　つまり、新しいデータに基づいて事後確率を計算したあと、さらに新しいデータが入ってきたら、その事後確率を事前確率とみなしてベイズの定理をもう一度当てはめればOKです。

　そうやって、新しいデータが入ってくる度に予測をアップデートしていくことが可能です。そして計算後は、そのデータをどんどん消していけばいいのです。

　新しい経験（=データ）から学んでいくという点は、人間の学習とも似ていますね。

受験対策は教科書を読むだけでは不十分で、模試や過去問を解く経験を積むことで力をつけていきます。スポーツだって、ルールを学んだだけで上手にプレーできるわけではなく、試合の経験を重ねることで上達していくでしょう。

ベイズの定理は、このような経験の重要性を伝えています。**ベイズの定理が捉えている本質は、“経験から学べば賢くなれる”ということです。**

GPSを脇役にしたベイズ推定

ここで応用例を紹介しましょう。日常生活で素早い判断が要求される状況といえば、車の運転が最たるものとして挙げられます。

時速数十キロというスピードで移動しながら、周囲の状況を見て的確に判断していかなければたちまち事故につながってしまいます。

こうした「運転」というタスクは、従来は人間にしか行えないものでしたが、近年になってＡＩが代わりに運転してくれる自動運転車の研究開発が進んでいます。この、自動運転車に搭載されているＡＩにはベイズ統計学が応用されています。

自動運転は、車間距離や歩行者の動きなど次々と入ってくる新しいデータを学習しながら判断（＝運転）していく必要があるので、ベイズ統計学と相性がよい分野なのです。

車間距離を保ちつつ、対向車線にはみ出さないよう安全に走行するために必要なのは、車体の現在位置の正確な把握です。

自動運転車には、ビデオカメラやレーザー・レーダー（レーザーを使って障害物を検知する機器）など、周囲の状況を感知できるいろいろな種類のセンサーが搭載されていて、車に内蔵されているＡＩがそれらのセンサーから届けられる情報をもとに車体の現在位置を把握しています。

GPS（全地球測位システム）の位置情報も利用していますが、あくまでセンサーからの情報が主役でGPSは脇役です。

というのも、はるか上空のGPS衛星から得られる位置情報は誤差もそれなりに大きく、自動車の運転というタスクに用いるには精度が粗いからです。そのため、GPSでは大まかな位置の把握を、センサーで細かい位置の把握を行っています。

ただし、センサーから送られてくるデータにはノイズ（ブレや乱れ）が含まれているので、この情報だけでは細かい位置の把握を十分な精度で行うことはできません。

そこで、自動運転車のＡＩは、自分自身が出した運転の命令に基づいて位置の推論（先ほど右に30cm移動するように命じたから、今は30cm動いているはずだ、といったように）を行い、それをセンサーのデータと照合することで精度を上げています。

車が動くと、すべてのセンサーから、どんどん新しいデータが入ってくるので、ＡＩはこれらを使って、随時新しい現在位置を推定し、それが“本当の現在位置”に一致する確率をはじき出していきます。ここで使われているのがベイズ統計学なのです。

車の現在位置はどこ?

このＡＩの推論を図で示すと、図表7-1のようになります。先ほどお話ししたようにセンサーから届くデータにはノイズが含まれるので、100%確実に現在位置を特定することはできません。その曖昧さを踏まえ、ＡＩが“考えた”推定位置は「この位置にいる確率は〇〇%」のように確率として表されます。

図の横軸は、ＡＩによって推定された現在位置を表しています。縦軸は、車体が本当にその位置にいる確率を表しています。

確率の山が高いほど、車が本当にその位置にいる可能性が高い（とＡＩが思っている）ことを意味します。

ここで、走行中の車体が道路のセンターラインに寄ってきたので、進行方向右手に30cm移動せよという指示をＡＩが出したとします（図表7-1の下段部分をご覧ください）。

ＡＩは、自分が発した指示を元に、移動後の車体の現在位置を推論します。つまり、「自分（ＡＩ）が出した命令にしたがって車が動けば、その時点での現在位置はここにな

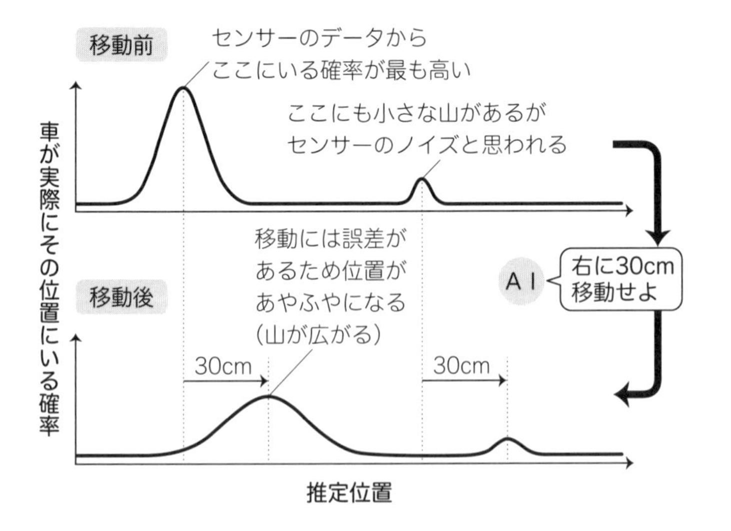

図表7-1　ＡＩによる現在位置の推論

るはず」というＡＩなりの予測を立てるわけです。

ただし、車体の動きには誤差が伴うので、ぴったり30cm移動できるとは限りません。実際の移動距離は29cmだったり32cmだったりする可能性があります。そういった誤差を考慮して、ＡＩは確率の山を低めに見積もります。

ここまでで、自動運転車のＡＩさんの"頭の中"、少し見えましたでしょうか。

それでは、次のステップとして、図表7-2を見てください。ＡＩは、今度は車が30cm移動した後にセンサーから新しく届いたデータをもとにして、移動後の現在位置を推定します（図表7-2の上段グラフの破線）。

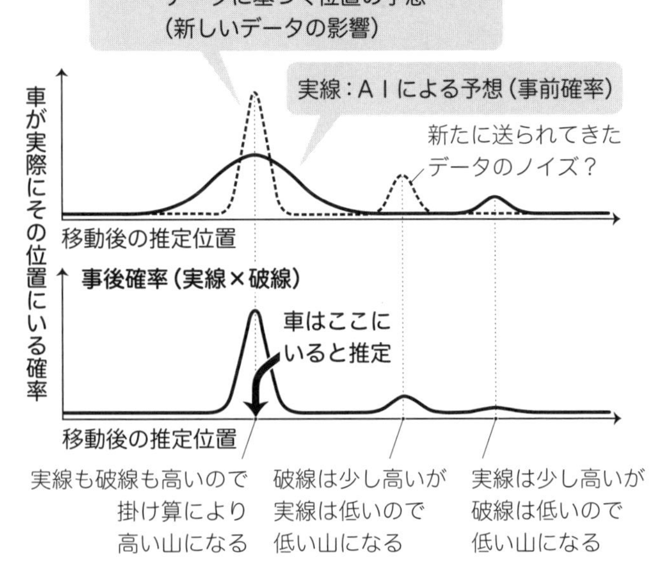

図表7-2　ベイズ推定による推論のアップデート

このときも、新しく来たデータにノイズが含まれている場合は、図のように山が複数現れることがあります（右側の小さい破線の山がノイズ由来のものです）。

最後に、センサーからの情報に基づく確率の山（上段グラフの破線）の値と、ＡＩ自身の予想に基づく確率の山（図表7-2の上段グラフの実線＝図表7-1の下段グラフ）の値を掛け算します。

すると、どちらの山も高かった部分については高いピークとなる一方で、そうでない部分については山が低くなるので、可能性の高い位置が浮き出てきます（図表7-2の下段グラフ）。そしてＡＩは、確率の山が一番高い位置が本当の現在位置だと判断します。

　要するに、ＡＩの推論とセンサーのデータが一致した場所を車体の現在位置とみなすわけです。

　センサーの新しいデータが掛け算で反映されることから、これがベイズ推定であることがおわかりいただけるかと思います。つまり、ここでは**ＡＩの予想が「事前確率」、センサーから新たに来たデータをもとにした予想が「新しいデータの影響」、それを掛け算した結果が「事後確率」に対応します。**

　このように、自動運転車が周囲の状況に応じて臨機応変に対応できるのは、新しいデータを学習していくベイズ推定が基礎にあるからなのです。

シンギュラリティの根幹を支えるかも!

　ベイズ推定は、他にも数えきれないほど多くの場面で使われています。

　著者自身も、本業である“ＡＩを使った資産運用戦略”の研究でベイズ推定を利用したことがあります。それは、ベイズ推定を使って株価の今後の動きを予測しながら投資を行うという業務でした。

　株価の動きを確率微分方程式（かくりつびぶんほうていしき）と呼ばれる数式で表し、

日々の株価の実際の値動きをベイズ推定によって学習させていくことで、その数式の精度を上げていくというものです。

このように、**データを学習して精度を上げていくという考え方はあらゆる分野でとても役に立ちます。**

キリストの奇跡を証明するために考えた数式が、未来の世界で“自動で目的地まで走る乗り物”（＝自動運転車）に使われるなんて、ベイズは夢にも思っていなかったでしょう。

運転なら人間にもできるじゃないか……と思われるかもしれませんが、ＡＩは眠らないし休みもとりません。

人間は休憩なしで長時間の運転をすると疲れや眠気で事故のリスクが高まりますが、ＡＩは休憩なしで何日でも運転しつづけられます。

それに、人間が処理しきれないほどの膨大なデータを24時間365日、1秒も休まずに学習し続けることができるのです。

ＡＩが人間の知能を超える「シンギュラリティ」が訪れたとき、その根幹を支える数式の一つがここに出てきたベイズの定理ではないか、と著者は期待しています。

単なる掛け算からなる極めてシンプルな数式に人間が打ち負かされる日が、すぐそこまで迫っているのです。

CHAPTER.8

数式が運んできたク

$K =$

電子のエネルギー

リーンなエネルギー

$E - W$

電子が飛び出すときに消耗するエネルギー

光のエネルギー

太陽光発電の発明につながった

どんな分野の数式なの？

クリーンエネルギーの分野だよ。

何に使われている数式なの？

太陽光発電の原理を表しているんだ。

何がきっかけで、この数式が産まれたの？
世の中のどんな課題を解決したのかな？

「光とは何か」という深遠な問いに答えるために、相対性理論で有名な理論物理学者・アインシュタインが提唱した数式だよ。

当時、長い間、光の正体は謎とされていて、アリストテレスやニュートンを含む多くの哲学者や科学者を悩ませてきた。

そして1887年、ドイツの物理学者ハインリッヒ・ヘルツが、金属などに光を当てると電流が流れる現象、すなわち「光電効果」を発見したんだ。

さらにアインシュタインが、光が小さな無数の粒からできていると考えると光電効果を説明できることを、この数式によって示したよ。

こうして、光の正体は「光子（こうし）」という“粒”であることがわかったんだ。

この数式によって、世界はどう変わったんだろう？

1954年になって、米国のベル研究所のダリル・シャピン、カルビン・フラー、ゲラルド・ピアーソンらが、光電効果を利用して発電する“太陽電池”を発明した。

太陽電池は、パネルに太陽光が当たったときに光電効果により電流が発生することを利用しているんだ。

現在の主流な発電方法である火力発電とちがって、太陽光発電は二酸化炭素を出さないから、環境にやさしいエネルギー源として注目されているよ。

地球温暖化の“救世式”!?

住宅街を散歩すると、あちこちで屋根の上に見られる黒いパネル。郊外を車で走っていると田んぼの中にたくさんのパネルが並べられている景色を見かけたりしませんか。

みなさんもご存じのとおり、あれは太陽光発電パネルです。家庭で発電した電気の買い取りなど何かと話題になりますが、太陽光を浴びるだけで電気を生み出せるものです。

電気は現代文明に欠かせませんが、発電によって発生する二酸化炭素が地球の気温を上げてしまうことが社会問題となっています。

現在のところ、世界の電力の半分以上は火力発電によって生み出されています。火力発電は石炭、石油、天然ガスなどの燃料を燃やすことによって発電を行っていて、その際、大量の二酸化炭素が大気中に排出されます。

二酸化炭素は熱を閉じ込める性質があるため、大気中の二酸化炭素が増えると大気が冷えにくくなり、気温が高くなっていきます。この現象がみなさんがきっとよく耳にしている「地球温暖化」です。

温暖化によって、北極や南極の極地の氷が解けて海水面が上昇して陸地が減少したり、気候のバランスが崩れることによって世界各地で異常気象が増加したり、自然環境が急速に変化することで絶滅する生物が出てくるなどさまざまな悪影響がすでに発生しています。

こうした深刻な状況の中で、太陽光発電は二酸化炭素を出さないためクリーンエネルギー（二酸化炭素を出さない発電方法のことをこう呼ぶ）の代表格として注目されています。

ところで、そもそもなぜ、太陽光発電パネルは光から電気を生み出せるのでしょうか？

この秘密について考えるには、まず電気の正体について知る必要があります。

実は、**電気の正体は「電子（でんし）」と呼ばれる小さな粒です。私たちがふだん「電気」と呼んで日常生活で使っているものは、この電子が無数に集まったものなのです。**

家電製品の中に流れている電気も、空から落ちてくる雷も、全てこの電子からできています。みなさんがスマホを操作しているときも、スマホの中では数えきれないほどたくさんの電子が行き交っているのです。

電気をつくる装置を見てみよう

電気をつくる装置のことを発電機と呼びますが、発電機は電子をたくさん発生させる装置ということになります。太陽光発電パネルもその一つです。

では、どうやって電気を生み出すのでしょうか。

実は電気を生み出す方法は複数あります。世界の電気の大半は火力発電と原子力発電で作られていますから、まずはそれらの原理を、そのあとで太陽光発電の説明をします。

そのほうが全体像を見通しやすくなるはずです。

火力発電や原子力発電は、「コイル（銅線を筒状に巻いたもの）のそばで磁石を回転させるとコイルに電流が生じる」という現象を利用しています。これは電磁誘導と呼ばれる現象で、紙面の関係から詳しいしくみの説明は省略しますが、発電機の大半はこの原理を使っています。

火力発電の発電機は、磁石の周りをコイルで囲い、その磁石の先端にタービン（羽根車）が付いた構造をしています。そして、石炭、石油、または天然ガスを燃やした熱で水を沸騰させて水蒸気を発生させ、それをタービンに吹き付けます。するとタービンが勢いよく回転することで磁石

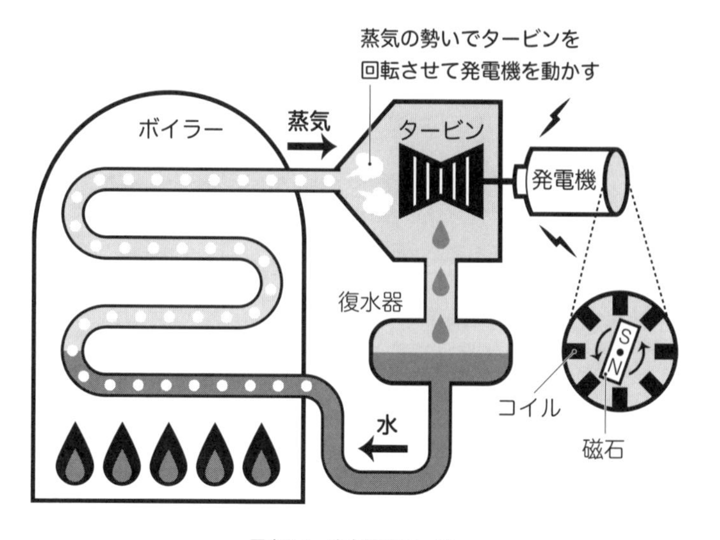

図表8-1　火力発電のしくみ

が回転し、電流が発生するというしくみです。

原子力発電も原理は同じです。ウランを核反応させたときに生じる熱で水を沸騰させて水蒸気を発生させ、それをタービンに吹き付けることで磁石を回転させています（図表8-2）。水力発電も同じ原理で、ダムに貯めた水を高い位置から放流し、流れ落ちてくる水の勢いでタービンを回転させています。

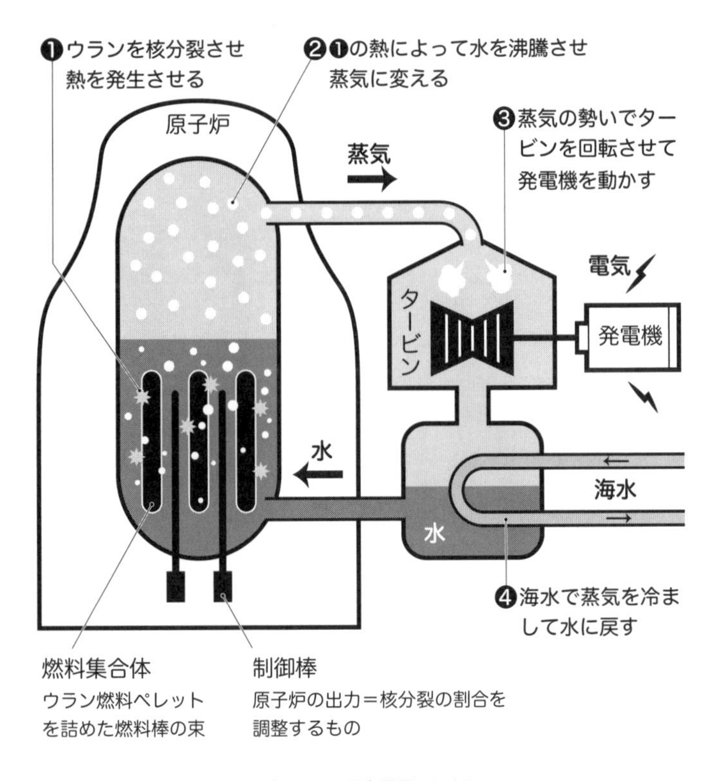

図表8-2　原子力発電のしくみ

つまり、**「火力」「水力」「原子力」といった呼び名のちがいは、どうやってタービンを回すかという方法のちがいを表しているにすぎず、発電の原理は全て電磁誘導なのです。**

太陽光で発電するしくみ

一方、**太陽光発電の原理は電磁誘導ではありません。太陽光発電は、「光電効果」という現象を利用して発電しています。**

電気を通す物質に光を当てると、その表面から電子がピョンと飛び出してきます（図表8-3）。これが光電効果です。

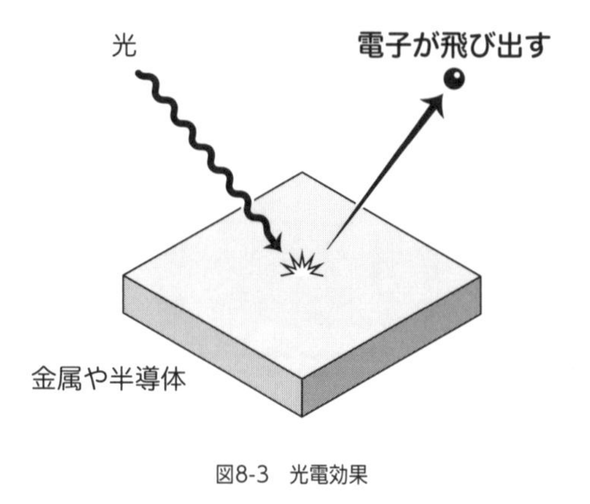

図8-3　光電効果

光電効果は、ドイツの物理学者ヘルツが1887年に発見した現象です。ヘルツが光電効果を発見したときの実験は、図表8-4のようなものです。

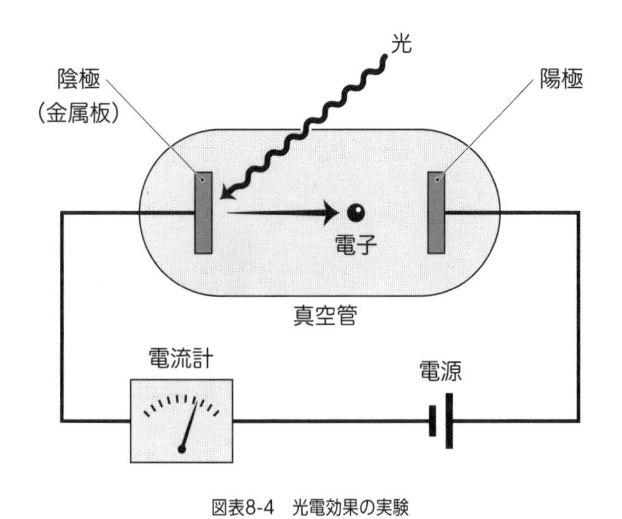

図表8-4　光電効果の実験

この実験装置では、真空の容器の中に2枚の金属板が並べられていて、その金属板に電圧をかけられるようになっています。2枚の金属板の間にスキマがあるので、単に電圧をかけるだけでは装置に電流は流れません。

しかし、ここで金属板に光を当てると、なんと電流が流れ始めるのです。つまり、金属板の間にあるスキマを飛び越えて電流が流れたことになります。

この実験結果は光電効果が起きている証拠になります。

金属板の間にはスキマがあるので、単に電圧をかけただけではスキマを電子が飛び越えられないため電流は流れません。しかし、金属板に光を当てると、光電効果によって一方の金属板から電子が飛び出し、それが他方の金属板に当たることで電子（＝電気）がスキマを越えられるのです。

ヘルツとアインシュタインの偶然

ちなみに、この実験装置は、もともとは光電効果のために作られたものではありませんでした。

ヘルツは、この装置を使って電磁波を出す実験をしようとしていたのですが、その中で偶然にも光電効果を発見したのです。ただしヘルツ自身は、光電効果のしくみを解明するまでには至りませんでした。

その後、20世紀に入って、アルバート・アインシュタインが光電効果の原理の解明に成功します。アインシュタインは、この光電効果の研究が評価されて1921年のノーベル物理学賞を受賞しました。

アインシュタインが解明した光電効果の原理は、いたってシンプルです。

アインシュタインの理論のポイントは、光が「光子（こうし）」と呼ばれる非常に小さな粒でできていると考えることでした。

実をいうと、あらゆる物質は電子を持っています。そこに光を当てるということは、アインシュタインによると光子が物質に降り注ぐということです。

すると光子は、物質中の電子にぶつかってビリヤードのようにはじき出します。このように電子が物質の外に飛び出してくることで光電効果が起きるわけです。

アインシュタインがノーベル賞を受賞した理由は、光電効果の研究を通して光の正体を解明したからです。光が何でできているのかは、長い間謎のままでした。

アリストテレスやニュートンなど世界的な哲学者や科学者が研究しても解明できなかった難問だったのです。

その正体が「光子」という粒であることをアインシュタインが突き止めたので、ノーベル賞へつながったのでした。

話を戻しますと、太陽光発電パネルに太陽光が当たることで、この現象が起きているのです。

ただし、単に電子が飛び出すだけでは、まだ十分ではありません。それを電気として私たちが使うためには、「電流」として家庭まで流れてくる必要があります。

この課題を解決するために、太陽光発電パネルは半導体と呼ばれる物質でできています。

この半導体、スマートフォン、家電製品から自動車まで、さまざまな工業製品に使われていて、社会の電子化が急速に進む中で需要がふくらむ一方、供給が追い付かず、世界中が困っています。著者が本書を執筆している2022年、2023年の上半期には、そんなニュースが日々報道されていて、みなさんもきっと聞いたことがあると思います。

電気を通す物質のことを「導体」、電気を通さない物質のことを「絶縁体」と呼びます。たとえば、銅や鉄などの金属は導体で、ゴムや石などは絶縁体です。

半導体は、その名前からも推測できるように導体と絶縁体の中間のような性質を持つ物質で、一方向にしか電流を

通さない物質です。

そのため、この半導体を材料に使っている太陽光パネルでは、飛び出した電子たちは皆が同じ方向に移動するしかなく、結果として大きな一方向の流れができて「電流」となるのです。

これは、一方通行の道路と似ています。西から東に向かってしか走行できない道であれば、どの車もそうするしかないでしょう。結果として、西から東へ向かう車の流れができあがるわけです。

この車を電子に、車の流れを電流に置き換えてみると、半導体を使った太陽光パネルのしくみもイメージしやすくなりませんか？

インドア派の内気な少女

さて、太陽光発電のしくみがわかったところで、冒頭の数式の説明に入りましょう。冒頭の数式をあらためて見てみましょう。

$$K = E - W$$

K: 飛び出した電子が持っているエネルギー

E: 光子のエネルギー

W: 電子が飛び出すときに消耗するエネルギー

光電効果を表すこの式の左辺にあるKは、光子にはじき出されて飛び出してきた電子が持っているエネルギーです。

この式を太陽光パネルの例にあてはめて考えると、パネルに当たった光がもともと持っていたエネルギーEと、パネルの中に存在する電子が飛び出すときに消耗するエネルギーWの引き算になっています。

光子に激突された電子はその光子のエネルギーEを吸収して、その一部を物質から外に飛び出すために消耗し、残り（E－W）は持ったままとなるのです。

ちなみに、光のエネルギーEがWより小さい場合は、飛び出すのに十分なエネルギーを確保できないため電子は飛び出せず、結果として光電効果も起こりません。

電子はインドア派の内気な少女（少年？）だと考えるとわかりやすいでしょう。

友達が来てもなかなか外に出ていこうとせず、部屋で遊びたがります。フツーの地味な友達では、なかなかその子を外へ連れ出すことはできません。

しかし、陽キャな友達がすごい勢いで部屋に入ってきて「遊びに行こうよ！」といって強引に連れ出すと、しぶしぶ外出するわけです。

この場合、陽キャな友達の持つエネルギーがE、内気な少女を外に連れ出すために使うエネルギーがW、そして陽キャな友達に勇気づけられて外出した少女の持つエネルギーがK（＝E－W）ということです。

このように、太陽光パネルの中では、内気な電子を陽キャな光子が外に連れ出すという青春ドラマが繰り広げられているのです。

そう考えて太陽光パネルを眺めると、あの黒曜石のようなキラキラした表面が青春のキラキラに見えてくるかもしれません。

話をまとめると、K＝E－Wというシンプルな数式は、**物質に光を当てると電流が流れる現象（＝光電効果）**についてのものです。

先ほど説明したように、この数式は光の本質を表しています。そして、この“電流が流れる”という性質を産業に転用することで太陽電池という次世代エネルギーが生み出されたのです。

☆☆☆よだん

これが究極のクリーンエネルギーだ!

現在は、風力、水力、太陽光、地熱などさまざまなクリーンエネルギーが開発されています。何をクリーンエネルギーとみなすかには議論もあって、温暖化ガスはあまり出さないけれども放射性廃棄物を出す原子力発電をクリーンエネルギーとみなすかどうかといった難しい問題も世界中で議論されています。

現在の人類は脱炭素（＝二酸化炭素を出さないエネルギー源に切り替えていくこと）に向けてこうした技術開発に励んでいるわけですが、未来の人類が手にするかもしれない「究極のクリーンエネルギー」とはどのようなものでしょうか？

それは、**反物質**（はんぶっしつ）と呼ばれます。

反物質という名前の由来は、その名の通り物質の反対ということなのですが、何が反対なのかを説明するために、まずは物質について簡単に触れていきます。

学校で習った方もいらっしゃるかと思いますが、物質は「原子」という粒でできています。そして原子は、中心にある原子核と、その周りを回る電子からできています（図表8-5）。

なぜ、電子が原子核から離れずにまわりを回り続けているのかというと、原子核がプラス、電子はマイナスの電気を持っていて、プラスとマイナスで互いに引き合っているからです。

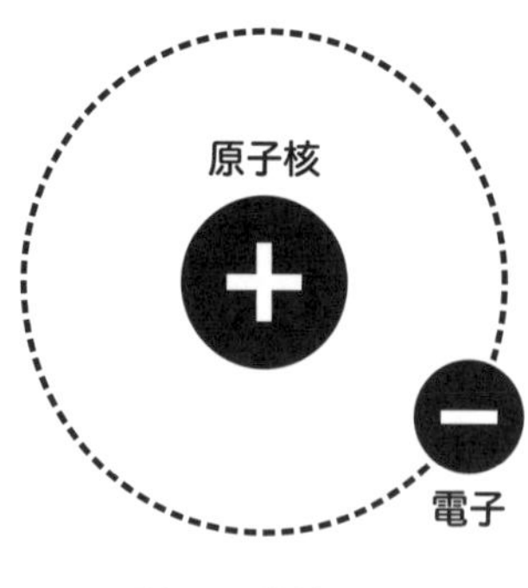

図表8-5　物質のつくり

反物質は、このプラスとマイナスが反対になっています。つまり、図表8-6のように、原子核がマイナス、電子がプラスになっています（正確には、プラスの電気を持つ場合は電子でなく陽電子と呼ぶ）。プラスとマイナスが物質とは反対だから、“反”物質と呼ぶわけです。

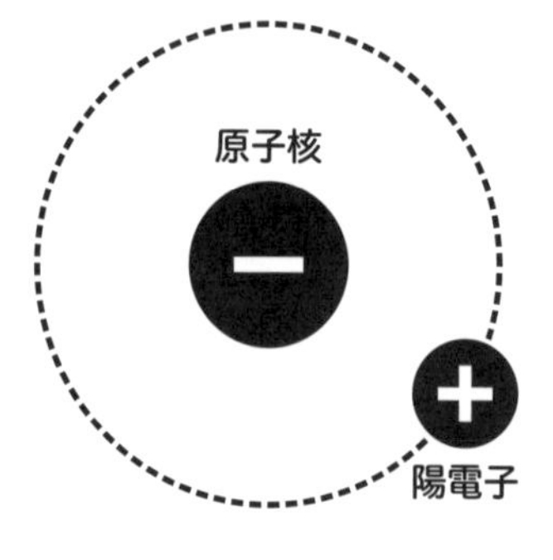

図表8-6　反物質のつくり

反物質がなぜ究極のクリーンエネルギーなのかというと、

理由は次の2つです。

1. **二酸化炭素も放射性廃棄物も出さない**
2. **生み出されるエネルギーが膨大**

反物質は、物質と反応してエネルギーに変わるという性質があります。

どれくらいのエネルギーが発生するかは、アインシュタインが発見した$E=mc^2$という世界一有名な公式で計算できます。反物質と物質の質量の合計をmとすると、発生するエネルギーEは、

$$E=mc^2$$

となります。

この数式に基づいて計算してみると、**反物質1gから約90兆ジュールのエネルギーが取り出せることがわかります。**

これは長崎に投下された原爆「ファットマン」と同レベルのエネルギーです。もしここに反物質でできた1円玉があったとすれば、周辺の同じ重さ（1g）の物質と反応（つまり物質1gと反物質1gで計2gが反応）して180兆ジュールのエネルギーが発生します（1gで90兆ジュールなので2gで180兆ジュール）。これはファットマンの2倍の威力であり、世界一の都市マンハッタンを吹き飛ばすくらいの膨大なエネルギーです。

このように、反物質が秘めるエネルギーは現代のあらゆるエネルギー源をはるかにしのぐものであり、発電に利用できれば究極のエネルギー源となるのは間違いありません。

まさに夢の技術です。

ただし、正直なところ、反物質による発電は現時点では完全な夢物語です。というのも、反物質は自然界にはないので人工的に作る必要があるのですが、それを作るには**素粒子加速器というとてつもなく大掛かりな装置が必要になります。**

しかも、その装置を使っても、すごく少ない量しか作れません。**現代の技術で1gの反物質を作ろうとすると1000億年もかかります。**

2009年の映画「天使と悪魔」は、欧州原子核研究機構(CERN（セルン）)が持つ世界最大の素粒子加速器で作られた反物質がテロ犯に盗まれるというストーリーでしたが、盗まれて問題になるほどの量をそもそも作れないので、現実にはこのようなことが起きる心配はありません。

さらに言えば、そもそも**現代の技術では反物質をせっかく作っても、それを貯蔵することができません。**

たとえば、現代の主なエネルギー源である石油は、タンクなどに入れて貯蔵することができます。しかし、反物質は物質に触れるだけで反応してエネルギーに変わってしまうため、タンクなどの容器に入れて貯蔵することができないのです。

これが“夢の技術”といわれるゆえんで、反物質発電はまだ実用化には程遠いのです。いつの日か人類が反物質を大量に作って安全に保存し利用する方法を見出(みいだ)せば、完全にクリーンかつほぼ無尽蔵のエネルギー源となるでしょう。

そこまで進んだ人類の文明がどのような姿なのか、現代の私たちからは想像もできませんね……。

CHAPTER.9

数式はアーティストだ

$$z_{n+1} =$$

$$z_1 = 0$$

った

$z_n^2 + c$

人体や地形や植物にも
発見されるかたち

どんな分野の数式なの？

なんと、芸術分野です！

何に使われている数式なの？

「マンデルブロ集合」と呼ばれる、世界一複雑な図形を描くための数式だよ。

何がきっかけで、この数式が産まれたの？
世の中のどんな課題を解決したのかな？

数学の世界では、数式を繰り返し当てはめることによって数値が変化していく様子を運動に見立てて研究するという考え方があるんだ。

そうした研究の中で、のちに「マンデルブロ集合」と呼ばれることになる不思議な図形が発見されたよ。

この数式によって、世界はどう変わったんだろう？

マンデルブロ集合は、図形の一部を拡大していくとその図形全体と似たような形が現れるという「自己相似」の特徴を持っている。

$$z_{n+1} = z_n^2 + c$$

$$z_1 = 0$$

マンデルブロは、この研究をきっかけにして、このような自己相似の特徴を持つ図形を扱う「フラクタル幾何学」と呼ばれる数学の新分野を創設したんだ。

海岸線、血管、木の枝葉のように自然界には自己相似の特徴を持つ図形（＝フラクタル図形）がたくさんある。

フラクタル幾何学の登場によって、自然界に存在する法則性のある形についての研究が盛んになったんだ。
みなさんも、ぜひ調べてみて。意外なものが見つかるかもしれないよ。

マンデルブロ集合は、学問的にも興味深いし、それだけでなく、コンピューターの性能評価など実用的な目的にも使われているんだよ。

この世で最も複雑な図形

数学の世界では、数式を繰り返し当てはめることによって数値が変化していく様を運動に見立てて研究するという分野があります。冒頭の数式は、こうした**“数の運動”を考える**ためのものです。そうやって数字の“運動”を考えていると、思わぬ発見に行き当たることがあります。

今回のお話の隠されたテーマは**「セレンディピティ（=思いもよらぬ発見）」**です。みなさんは、何かを突き詰めていて思わぬ発見をしたことはあるでしょうか？　今回はそんなお話です。

「この世で最も複雑な図形を描いてください」と言われたら、あなたはどうしますか？　よほどの芸術的才能がないととうてい無理だと思うでしょうか？

実は、冒頭の数式とコンピューターさえあれば描くことができます。しかもこの図形は、学問的に興味深い性質を持っていて、世の中の役にも立っています。

さっそく本題に入りたいところですが、その前に、この章の理解に不可欠な「複素平面（ふくそへいめん）」について見ていきましょう。複素平面はChapter.3（クォータニオン）でも出てきたので、詳しい説明は93～98ページをご覧ください。

数学では、2乗（自分自身を掛け算すること）すると−1になる「虚数単位」iを考え、普通の数の数直線（横軸）とi専用の数直線（縦軸）が交わった平面を考えます。この平面が「複素平面」です。

この複素平面上の点を「複素数」と呼び、通常の数にiの何倍かを足したc＝a＋biという形で表します。ここでa（実部と呼びます）は横軸の値、b（虚部と呼びます）は縦軸の値に対応しています。図表9-1は、a＝3, b＝2の場合、すなわちc＝3＋2iの場合を表しています。

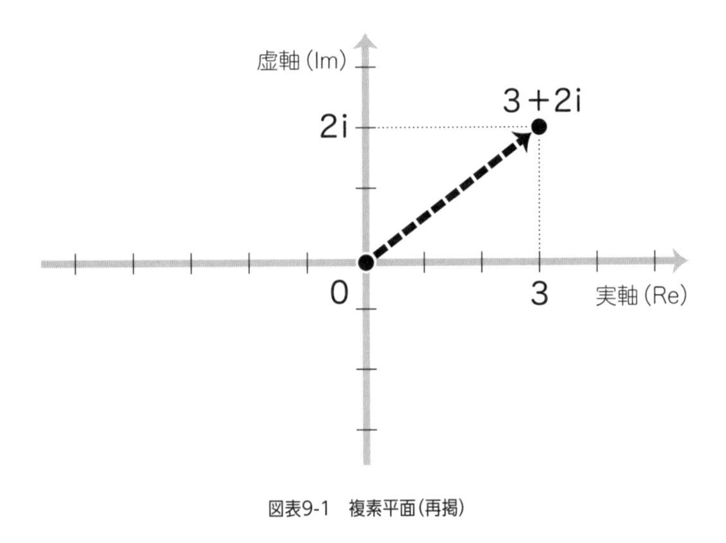

図表9-1　複素平面（再掲）

「原点から離れていかない」が描く図形

冒頭の数式は、この複素平面の中で考えていきます。

式を見ていただくと、z, n, cという3つの文字が出てきていますね。文字が多くて一見面倒くさそうですが、何のことはありません。これは**zの値をステップ毎に計算していく「漸化式（ぜんかしき）」と呼ばれるタイプの数式**です。漸化式という言葉の由来はのちほど説明します。

zの右下に付いたnという文字は、何番目のステップにあたるかを表しています。この数式を使えば、n番目のステップのz（z_nと書く）からn＋1番目のステップのz（z_{n+1}と書く）を計算することができます。

ただし、最初の出発点は決めてあげないといけません。そこで、1番目のz（z_1）は0だとします。つまり、$z_1=0$です。こうやって出発点を決めてあげれば、あとは漸化式で次々と計算していくことができます。

漸化式という言葉の由来ですが、「漸（ぜん）」は、「だんだん進む」という意味を持つ漢字です。nが1，2，3，4、・・・とだんだん進んでいくので、漸化式（＝nの値がだんだん変化していく式）と呼ぶわけです。

いっしょに数遊びをしてみよう

では、イメージを掴むために少し手を動かして計算してみましょう。試しに、n＝1とすると、冒頭の数式は、

$$z_{1+1}=z_1^2+c$$
$$z_2=z_1^2+c$$

となりますね。スタートは$z_1=0$と決めたので、

$$z_2 = 0^2 + c$$
$$z_2 = c$$

となり、z_1の値から、次のステップであるz_2を計算することができました（cがどんな値なのかはこの後のメインテーマになるので、後の楽しみに取っておきたいと思います）。

同じようにしてn＝2、3、4、……と順番にやっていくと、z_3, z_4, z_5, ……と次々に値がわかっていきます。

これだけだと、何の変哲もない数遊びにしか見えませんね。しかし、この数式は非常に奥深い性質を持っていて、一つの数学分野を生み出すきっかけになったほどです。

種明かしをすると、この数式は、“数の運動”を考えるためのものです。言葉だけだとわかりづらいので、具体例を見てみましょう。

たとえば、cの値が0のとき、z_nはどうなるでしょうか？実際に計算してみるとわかります（スタートは$z_1=0$と決めていましたね）。

n＝1のとき

$$z_{1+1} = z_1^{\,2} + c$$
$$z_2 = 0^2 + c$$
$$z_2 = c = 0$$

n＝2のとき

$$z_{2+1}=z_2^{\,2}+c$$

$$z_3=0^2+c$$

$$z_3=c=0$$

⋮

このように地道に計算していくと、$z_1, z_2, z_3,$……の値が順番にわかっていきます。わかりやすいように表にしてみましょう（図表9-2）。

ステップ	値
z_1	0
z_2	0
z_3	0
z_4	0
z_5	0
……(※)	

※ z_6 以降は省略

図表9-2　$c=0$のときのz_n

このように、z_nはずっと0のままです。つまり、z_nはずっと複素平面上で0の位置にいることになります。

複素平面では、ゼロの位置のことを「原点」と呼びます。つまり、$c=0$のときは、z_nは原点でじっとしていることになります。

次に、c＝−1のときはどうなるか見てみましょう。同じようにz_nを計算していくと、次のようになります。

$$z_{1+1}=z_1^2+(-1) \rightarrow z_2=0^2-1=-1$$
$$z_{2+1}=z_2^2+(-1) \rightarrow z_3=(-1)^2-1=0$$
$$z_{3+1}=z_3^2+(-1) \rightarrow z_4=0^2-1=-1$$

⋮

ステップ	値
z_1	0
z_2	−1
z_3	0
z_4	−1
z_5	0
……(※)	

※ z_6 以降は省略

図表9-3　c=−1のときのz_n

以降、z_nは0と−1を交互に繰り返していきます。つまり、c＝−1のときは、z_nは−1と0を行ったり来たりするということです。人間にたとえると、−1と0の間を反復横跳びしているような動きです。

zの「キャラ変」に魅了された数学者たち

最後にちょっと難易度を上げて、$c=1+i$の場合にz_nの運動はどうなるか、同じようにz_nを計算していきましょう。

$$z_{1+1}=z_1{}^2+(1+i) \quad \rightarrow \quad z_2=0^2+1+i=1+i$$

$$z_{1+2}=z_2{}^2+(1+i)$$

$$\rightarrow z_3=(1+i)^2+(1+i)$$
$$=(1+i)\times(1+i)+(1+i)$$
$$=(1\times1)+(1\times i)+(i\times1)+(i\times i)+(1+i)$$
$$=1+i+i-1+1+i=1+3i$$

⋮

ステップ	値
z_1	0
z_2	$1+i$
z_3	$1+3i$
z_4	$-7+7i$
z_5	$1-97i$
z_6	$-9407-193i$
z_7	$88454401+3631103i$
……(※)	

※ z_8 以降は省略

図表9-4　$c=1+i$のときのz_n

$$z_{n+1} = z_n^2 + c$$

$$z_1 = 0$$

今回は、数字が急速に大きくなっていきますね……。このままだとわかりづらいので、z_nが複素平面でどんな動きをしているかを見てみましょう（図表9-5）。

すると、z_nは原点からどんどん離れていっていることがわかります。つまり、$c=1+i$のときは、z_nは原点から急速に離れていくということです。

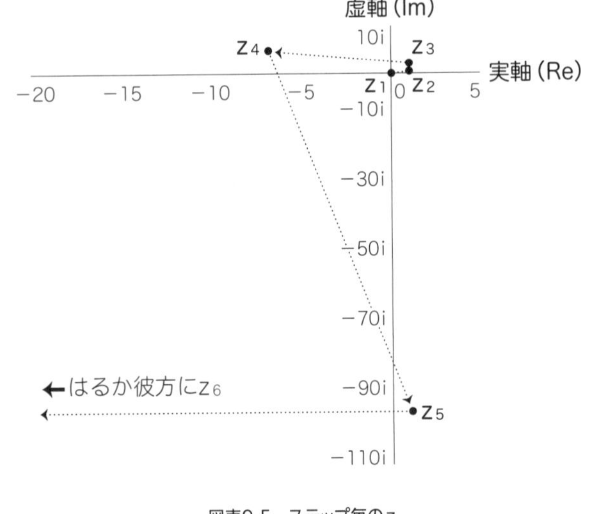

図表9-5　ステップ毎のz_n

このように、cの値によってzの動きが大きく変わっていくところが、この数式のおもしろさです。

$c=0$のときは原点でじっとして動かない。

$c=-1$のときは元気に反復横跳び。

$c=1+i$のときは猛スピードで原点から離れていく。こ

のように、cの値によってzが「キャラ変」するのです。

ここで数学者たちは、こんなおもしろい遊びを考えました。cの値をいろいろと変えていくと、①「zが原点から離れていく」ケース（たとえば$c=1+i$のとき）と、②「zが原点から離れていかない」ケース（たとえば$c=0$や$c=-1$のとき）に分かれます。では、cがどんな値のときに①になり、どんな値のときに②になるのだろうか？　それを調べてみよう！と。

つまり、数学者はzの動き方に関心を持ったのです。**どんなときにzが原点付近をうろうろし、どんなときに離れていくかという"運動"の法則を見極めたかった**のです。

この研究からさまざまなおもしろいことがわかるのですが、それをこれから説明していきます。

フランスの数学者ブノワ・マンデルブロは、cの値をいろいろと変えてzの動きを確かめ、zが原点から離れていかない場合のcを黒く塗っていきました。そして、zが原点から離れていく場合はcを白く塗りました。その結果として現れる図形が234ページの図表9-6の上側です。

cがこの黒く塗りつぶされたエリアに入っているときは、zは原点から離れていきません。逆に、その周辺の白いところにcがあるときは、zは原点から離れていきます。

実際に、さきほど具体的に計算した結果と比べてみると、

$z_{n+1} = z_n^2 + c$

$z_1 = 0$

$c=0$の点や$c=-1$の点は、黒のエリア（＝zが原点から離れていかない）にいることがわかるでしょう。そして、$c=1+i$は、白いエリア（＝zが原点から離れていく）にいることがわかりますね。

マンデルブロが驚いたのは、この黒いエリアがとても複雑な形をしていたことです。この形は、発見者であるマンデルブロの名前にちなんで「マンデルブロ集合」と呼ばれています。なぜ“集合”かというと、この黒いエリアは、「zが原点から離れていかない」という特徴を持ったcの値の集まり（＝集合）だからです。

マンデルブロ集合は、世界一複雑な図形であることがわかっています。その理由は、**図形の一部を拡大すると図形全体とそっくりな形になっていて、その一部を拡大してもまた全体像と似た形が現れるという複雑な図形がどこまでも続く不思議な形をしているからです。**

実際に、図形の一部を拡大した結果が図表9-6の下側です。どうでしょうか？　元の図形とそっくりな形に見えませんか。

実際に数学者がスーパーコンピューターを使って確かめた結果、この図形は、どこまで拡大してもずっと図形全体とそっくりな複雑な形が続くことがわかっています。

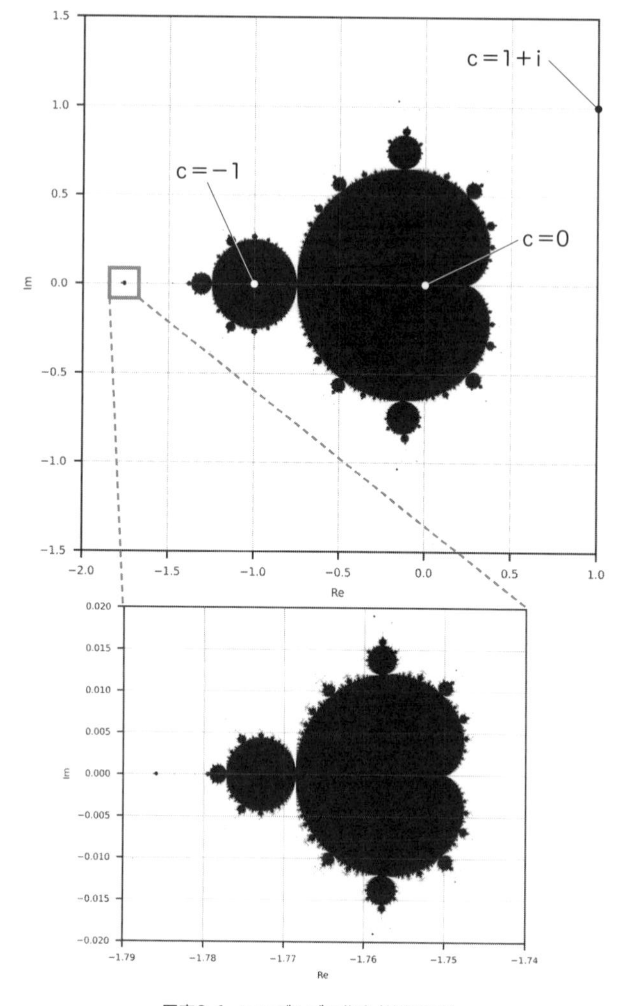

図表9-6　マンデルブロ集合(著者作成)

$z_{n+1} = z_n^2 + c$

$z_1 = 0$

マンデルブロ集合の実物を見てみよう

実は、図表9-6は著者が作成したコンピュータープログラムによって描いたマンデルブロ集合です。

具体的には、Python（パイソン）というプログラミング言語を使って、cの値をいろいろと変えながらz_nを計算し、z_nが原点から遠ざかるか否かを自動で判別させています。

そして、z_nが原点から遠ざかった場合のcを白色の点、遠ざからなかった場合のcを黒色の点として複素平面上にプロットしました。この、不思議な芸術作品のような形をした黒い部分がマンデルブロ集合です。

この黒い部分に属する点は、z_nが原点から離れていきません。一方、その外側の領域にある点は、z_nが原点から離れていきます。

先ほどお話ししましたが、この図形には、一部分を拡大すると、もとの図形と似た形が現れるという特徴があります。実際、図表9-6の下のほうの図は、マンデルブロ集合の端っこ（枠で囲った部分）を倍率60倍で拡大したものですが、図形全体とそっくりな形をしていますね。このように、**部分が全体に似ていることを「自己相似（じこそうじ）」といいます。**「相」は“互いに”という意味の漢字なので、「相似」は“互いに似ている”というような意味です。ですので、自己相似という言葉は、文字通り「自己（＝自分自身）に似ている」という意味になります。

私が自宅で利用できるコンピューターの性能では、これ以上に倍率を拡大しようとすると非常に計算時間がかかってしまうのでこれくらいにしておきますが、実のところ、どんなに小さな一部分を拡大しても、図形全体と同様の複雑なパターンが現れてきます。

ですので、世の数学者や数学愛好家の中には、高性能コンピューターを使ってマンデルブロ集合の倍率をどんどん上げていき、前人未踏の倍率における細部のパターンを探っている人たちも世界中にいます。

身近にあふれている「自己相似」の図形

マンデルブロは、マンデルブロ集合以外にもこのような自己相似の性質を持つ図形が多くあることを見出し、これらを**「フラクタル図形」**と名付けました。フラクタル(fractal)は、ラテン語のフラクタス(fractus)をもじってマンデルブロが作った言葉です。この単語には「一部」や「断片」といった意味があり、一部分の形が図形全体に似ているという特徴にちなんでいます。

実は、私たちの身の回りにもいろいろなフラクタル図形があります。

たとえば、図表9-7はフラクタル図形の一例ですが、木の枝のように見えますね。これは、一番左側にある図形からスタートして、この図形全体を縮小コピーして各枝に貼り付けるという操作を繰り返して作ったものです。

ですので、この図形は一部が全体に似ているという自己相似の特徴を持つフラクタル図形になっています。

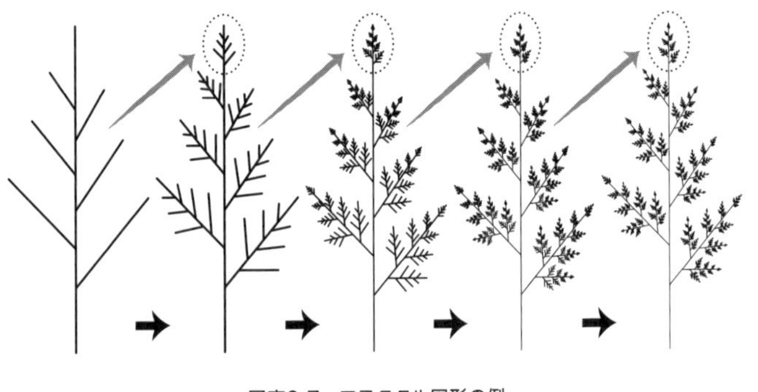

図表9-7　フラクタル図形の例

この他にも、自然界や人体にはフラクタルな構造があふれています。ヒトの気管支（呼吸の通り道）は肺の中で無数に枝分かれを繰り返していますし、血管も先ほどの木の枝と同じように枝分かれを繰り返していますが、これらはフラクタル構造の一種です。

護岸工事がなされていない自然の海岸線も、フラクタル図形の代表例とされています（図表9-8）。というのも、自然の海岸線を衛星画像などで見てみると、複雑に入り組んでいるのがわかるでしょう。そして、その一部を拡大してみても、同じような形で入り組んでいることがわかります。

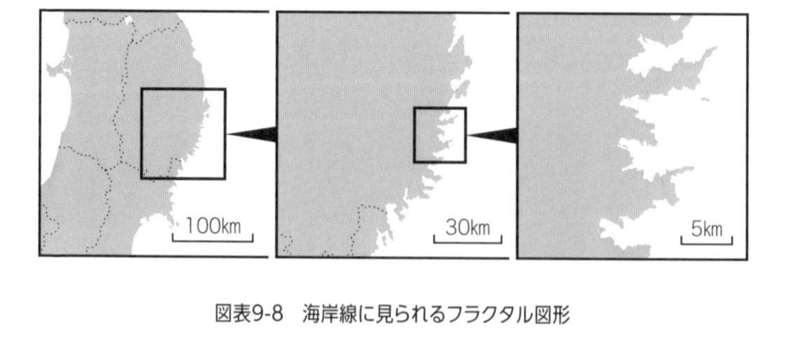

図表9-8　海岸線に見られるフラクタル図形

このように、マンデルブロ集合が持つ自己相似という特徴は、自然界の形状に頻繁に現れる特徴です。だからこそ、私たちはフラクタル図形に魅せられるのかもしれません。

こういったフラクタル図形を扱う数学の分野は「フラクタル幾何学」と呼ばれ、マンデルブロによって創始されました。

なぜ自然界にフラクタルが多いの?

なぜ自然界に多くのフラクタル構造が見られるのでしょうか？　理由はいくつかありますが、**生物の場合は生きる上でメリットがある**からです。

たとえば血管は、無数に枝分かれしているおかげで体のすみずみまで血液を運ぶことができます。

また、気管支はフラクタル構造のおかげで、酸素を効率的に取り込むことができています。人間の気管支は肺の中で何度も枝分かれを繰り返していて、その先に肺胞という小さな袋が無数についています。この肺胞で、空気中の酸素を血液に取り込むことによって人間は呼吸をしています。

肺胞は肺の中に約3億個もあり、その表面積を合計するとテニスコートの半分くらいの広さになると言われています。この広い面積のおかげで酸素の取り込みがスムーズにいっているのです。

もし人間の肺がフラクタル構造ではなくて、つるりとしたものであったら、表面積はもっとずっと小さなものになります。そうすると、人間は十分な酸素を取り込むために、今よりも何十倍も速く呼吸しなければならなかったでしょう。酸素をうまく取り入れるために肺が進化した結果、フラクタル構造になったということです。

木も同じように、フラクタル構造が生存に有利になっています。無数に枝分かれした木の枝の先にたくさんの葉がついていて、その葉に太陽の光を受けることで光合成をして生きているからです。こちらも、全ての葉の表面積の合計はかなり大きくなるため、それだけたくさんの日の光を受けることができるわけです。

このような話をすると、複雑に入り組んでいれば他の形でもOKであって、別にフラクタル（自己相似）でなくてもよいのではないかと思われるかもしれません。

しかし、フラクタルにはもう一つ、「繰り返しによって作ることができる」というメリットがあります。

図表9-7（木の枝のフラクタル図形）のように、フラクタル図形は簡単なルールを繰り返すことで作られます。

生物の体は、細胞の中にある小さなDNAを設計図としてできているので、DNAに詰め込める程度の限られた情報量で体を設計する必要があります。ですので、単純なルールから生み出されるフラクタル図形は大変便利なのです。

海岸線がフラクタルになっている理由も研究されていて、どうやら、海岸線ができる過程に秘密があるようです。

打ち寄せる波が岩を浸食することで海岸線の形ができてくるわけですが、このときに、地形や海流の関係などで浸食が強いところと弱いところが生じて、結果として非常に入り組んだ海岸線ができあがります。

「力学系」という考え方

そもそも、マンデルブロはなぜこのような発見に至ったのでしょうか。

もともと彼は数学の研究テーマのひとつである「力学系（りきがくけい）」の研究をしていたのでした。力学とは、物体の運動を研究する学問です。特に、今回のように複素平面上での運動を考える研究は「複素力学系（ふくそりきがくけい）」と呼びます。

とはいっても彼は数学者であって物理学者ではないので、

$z_{n+1} = z_n^2 + c$

$z_1 = 0$

文字通りの物体の運動を研究していたわけではありません。

繰り返しになりますが、数学の世界では、数式を反復的に当てはめることによって数値が変化していく様を運動に見立てるという考え方があります。

今回の場合、運動しているのはzです。まず原点（$z_1 = 0$）からスタートして、漸化式を当てはめることによってzの値が$z_1 \rightarrow z_2 \rightarrow z_3 \rightarrow z_4 \rightarrow z_5 \rightarrow$ ……と変わっていきます。

この変化を、「zが複素平面上を運動している」と考えるわけです。

231ページの図表9-5では、zがだんだん原点から遠ざかっていますね。これは、zが原点から離れる方向に運動しているとみなします。

このように、**数式を反復的に当てはめることによって数値が変わっていく（＝運動していく）状況設定のことを、数学の専門用語で「力学系」と呼びます。**

冒頭のような数式は、中学や高校時代の数学の授業で似たようなものを見たことがあるという方も多いでしょう。

日本の中学や高校では、このような1つ前の値によって次の値が決まる数式を漸化式と呼ぶことは、すでにお話ししましたね。プロの数学者はこれを運動に見立てるということです。

こうした力学系の研究からマンデルブロ集合が生まれ、さらにそこからフラクタル幾何学という全く新しい数学の分野が花開いたのでした。

ビジネスや教育の世界では、「ゲーミフィケーション」という言葉があります。何かに取り組むとき、それをゲームに見立ててやると興味を持って取り組むことができ、よい結果につながりやすいという考え方です。

数学の世界も同じで、数式を運動法則と捉えてゲーム感覚で突き詰めていった結果、フラクタル幾何学という新たな数学の分野が花開きました。

マンデルブロ集合は「結界（けっかい）」？

ここで、“運動”という観点からマンデルブロ集合を見つめなおすと、おもしろいことがわかります。**マンデルブロ集合（黒く塗りつぶされた領域）の内側にいるzは、絶対にマンデルブロ集合の外側には出られないのです。**

逆に、マンデルブロ集合の外側にいるzは、決してマンデルブロ集合の中には入っていけません。

その理由は、マンデルブロ集合の内と外でzの運動が全くちがうからです。マンデルブロ集合の内側にいるzは「原点から離れていかない」（原点のあたりをうろうろする）ように運動し、マンデルブロ集合の外側にいるzは「原点から離れていく」ように運動するので、そもそも、マンデルブロ集合の内と外を行ったり来たりするような運動をするzは存在しえないのです。

$$z_{n+1} = z_n^2 + c$$
$$z_1 = 0$$

ファンタジー系の物語では、妖怪や吸血鬼などの怪異を「結界」に閉じ込めるという描写が多く見られますが、マンデルブロ集合は結界のようなものだと言えるかもしれません。

結界の中にいるzは決して外には出られないし、逆に、結界の外にいるzが中に入ることもできません。マンデルブロ集合の内と外で行き来が完全に遮断されているのです。

マンデルブロ集合は、いわば“無限に複雑な形をした結界”です。なんだかマンガのネタになりそうなコンセプトですね。

「世界一複雑な図形」の根拠

先ほどもお話ししましたが、マンデルブロ集合は「世界一複雑な図形」といわれています。すると何を基準に“世界一複雑”と言っているのかと疑問に思われる方もいらっしゃるでしょう。

ここでは、「フラクタル次元」と呼ばれる数学上の概念を基準にしています。フラクタル次元は、図形の複雑さを数値化する指標で、値が大きいほど複雑だとみなされます。

フラクタル次元は、“次元”という名前がついていることからもわかるように、1次元（曲線）、2次元（平面図形）、3次元（立体図形）といった考え方と関係しています。

曲線の上を動こうとすると、前に進むか後ろに下がるかという1つの方向しかありませんね（3次元の場合はこれに左右や上下の方向が加わります）。だから曲線は1次元と考えるのが普通です。

ふつうは、3次元より2次元、2次元より1次元の図形の方が、方向が少ない分だけ単純だと言えます。そう考えると、曲線は最もシンプルな図形だと考えることができます。

しかし、中には、あまりに複雑に入り組んでいるために、実質的に“2次元図形なみに”複雑と言えるものもあるわけです。

フラクタル次元は、このようにして図形の複雑さを次元に換算して表しています。

曲線のフラクタル次元の最大値は2です。つまり、さすがに3次元図形には到底かなわないけれど、2次元図形並みに複雑なものはありうるということです。

「曲線」と聞いたときに私たちが通常思い浮かべるような滑らかな曲線のフラクタル次元は1で、それより複雑な海岸線のフラクタル次元は1.4程度です。

ところが、マンデルブロ集合の境界（黒塗りの部分とそれ以外を分ける境界線）のフラクタル次元は2で、これは“線”としては最大に複雑であることを意味しています。つまり、RPG（ロールプレイングゲーム）的にいえばレベル99ということです。

このように、境界のフラクタル次元が最大値の2であることをもって「世界一複雑な図形」と表現しました。

コンピューターの力試し

マンデルブロ集合を描画するには膨大な計算が必要になるので、コンピューターの力試し（＝性能評価）に使われることがあります。マンデルブロ集合を描くプログラムを走らせて、どれくらいの時間で計算が完了するかを測定するのです。短い時間で計算が完了するほど、コンピューターは高性能ということになります。

このように、マンデルブロ集合は単に学問的に興味深いだけでなく、世の中の役にも立っているのです。

さあ、展覧会を始めましょう

マンデルブロ集合の数式$z_{n+1} = z_n^2 + c$を見て、なぜzを2乗しているのだろう？　3乗や他の数式ではだめなの？　などと思われた方もいらっしゃるかもしれません。

もちろん、複素力学系の運動法則として別の漸化式を考えることは当然OKですし、数学者も実際にさまざまな数式の事例を研究しています。

$z_{n+1} = z_n^2 + c$という数式の場合はマンデルブロ集合が現れますが、他の数式の場合は、またちがった図形が現れます。

ここで、いくつか見てみましょう。数式を少し変えただけで、現れる図形がかなりちがってくることがわかるでしょう。

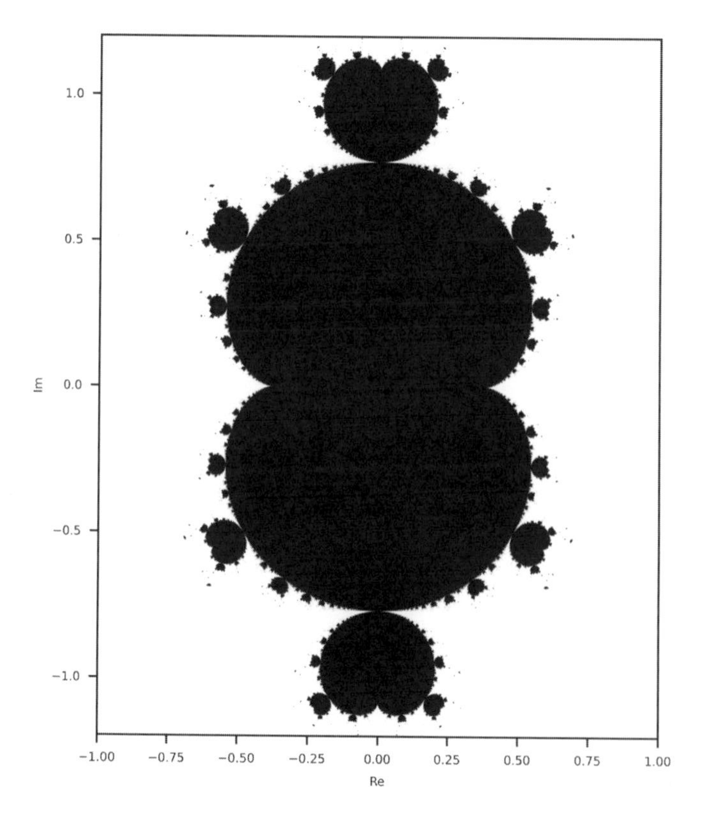

図表9-9　$z_{n+1}=z_n^3+c$（著者作成）

$Z_{n+1} = Z_n^2 + C$

$Z_1 = 0$

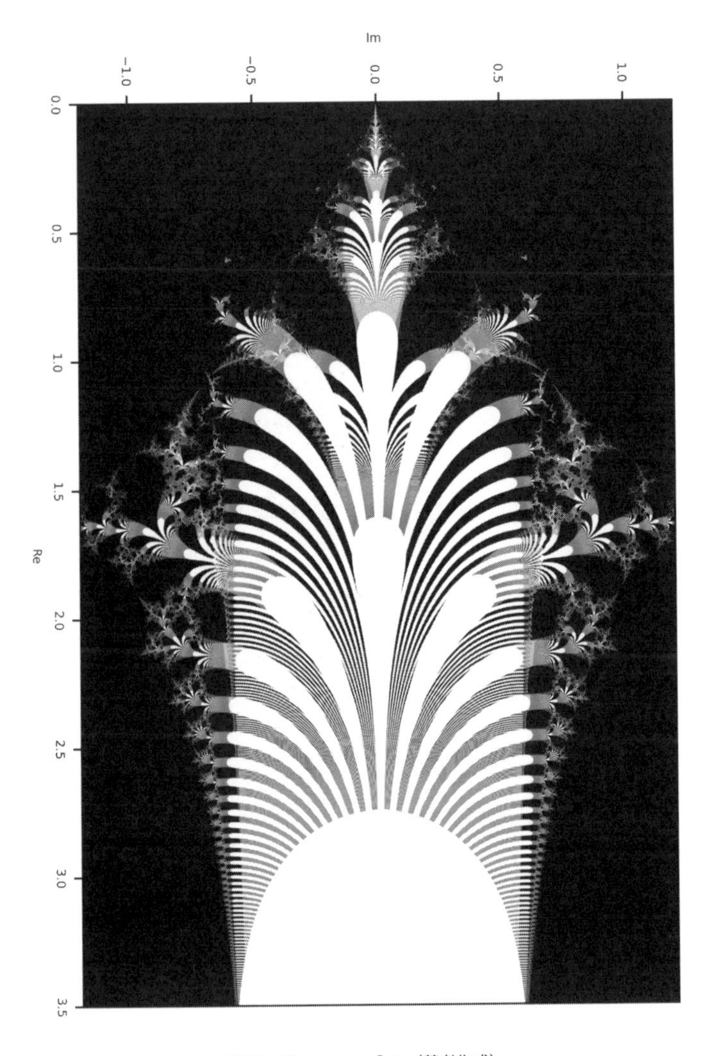

図表9-10　$z_{n+1}=z_n^{z_n}+c$（著者作成）

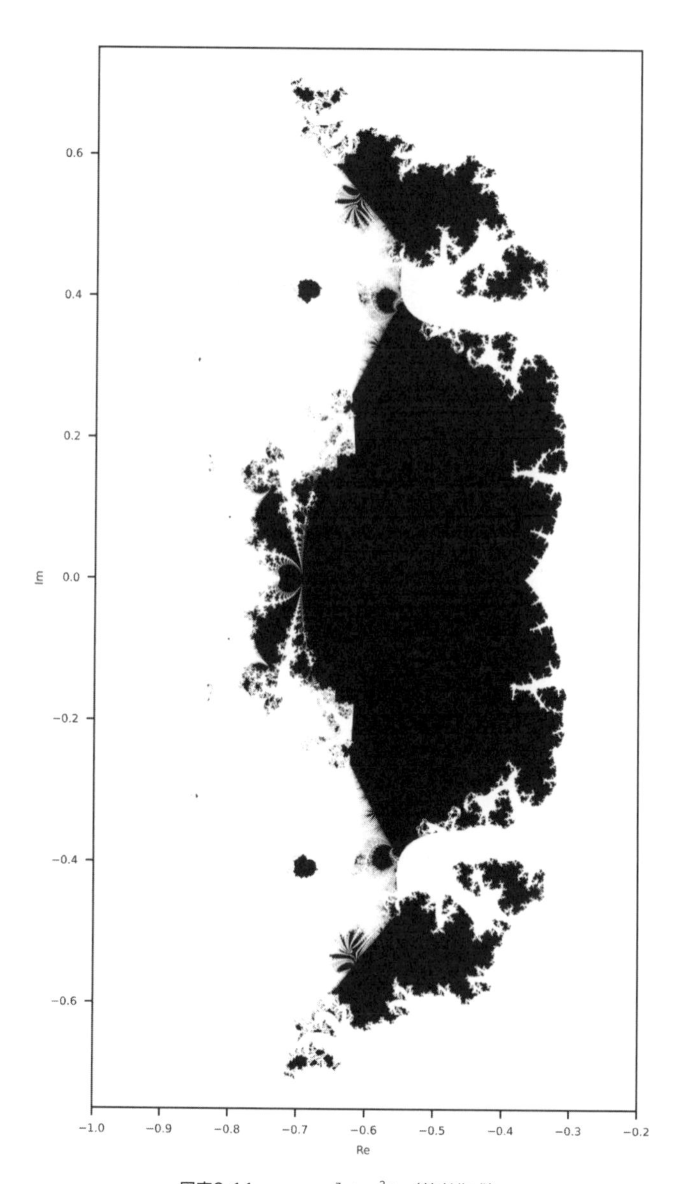

図表9-11　$z_{n+1}=z_n^{z_n}+z_n^3+c$(著者作成)

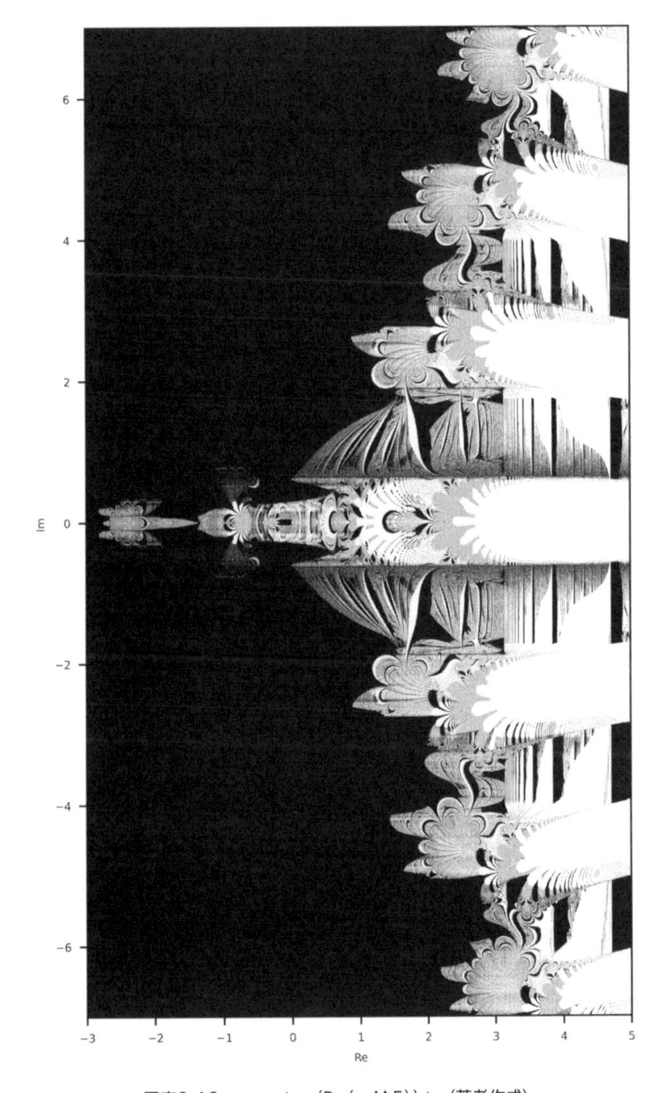

図表9-12　$z_{n+1}=\tan(\mathrm{Re}(z_n \uparrow\uparrow 5))+c$(著者作成)

注記：↑は"クヌースの矢印表記"といい「$z_n \uparrow\uparrow 5$」は「z_nのz_n乗のz_n乗のz_n乗のz_n乗」を表す。
Re( )は複素数の実部を取り出す操作を表す。つまり、Re(a + bi) = a
tan( )は三角関数のタンジェントを表す。

どの図形も、前衛的な芸術家の絵画作品のように見えますが、図形の下に記した数式から描かれたものです。

著者は、図表9-9はサボテン、図表9-10は王冠、図表9-11は羽を広げた蝶、図表9-12はお城のように見えます。読者のみなさんは、これらを見て何を思い浮かべたでしょうか？

おわりに

本書の「はじめに」で提唱した公式を覚えていらっしゃいますでしょうか？

数式読解力　＝　創造性

です。現代では、世界を変えるような発明や発想の背後には数式が潜んでいることが本当に多く、世の中を変えつつある人工知能（ＡＩ）もそうです。

少し前までは、コンピューターは決まったタスクしかこなすことができず、創造的なことは人間の仕事だと言われていました。けれども、その常識が今や壊れつつあります。

新しい企画のアイデアや人材育成の方針案などをChatGPTに聞く人が増えているといいます。そして、ChatGPTの回答は、一部のコンサルタントが職を失うリスクを感じるほどに質が高いそうです。

私も最近、遊び半分でChatGPTに「●●●社（私の勤務先企業）を称えるJ-POPの歌詞を作成してください」と打ち込んでみたところ、かなりセンスのよい歌詞がほんの数秒で出てきました。クリエイティブなタスクを機械がこなす時代が来たのだ……と妙に感動してしまいました。

ChatGPTは世界中の誰もが気軽に使えるので、少し大げさかもしれませんが、この技術によって人類全体の創造性が強化されたとも言えそうです。

ChatGPTや絵を描くＡＩは高度な数学理論に支えられていて、まさにそれ自体が数式のカタマリのようなものです。「数式読解力＝創造性」という公式は、ものすごい勢いでさらに強力なものになっていっていると感じます。

ChatGPTや絵を描くＡＩの仕組みは複雑なのでここで詳しくは触れませんが、これらのＡＩは人間の脳の思考能力を数学的にモデル化することで開発されています。ざっくり言うと、本書のChapter.1で出てきたような内容の、もっとずっと発展形というイメージです。

人間の脳が持つ創造性を数式によって抽出し、機械に移植することでChatGPTや絵を描くＡＩが生まれました。

ChatGPTを生み出したのはOpenAIという米国の企業ですが、ここの技術者をはじめとしたＡＩの専門家たちが数式を通じて人間の思考の本質を突き止めたことによってChatGPTが生み出され、それによって人類全体の創造性がさらに強化されました。

今後も数式は、人類が創造性を発揮するための最強のツールとして世界を変えていくことでしょう。

本書で一貫してお伝えしたかったのは、数式は本質を見抜くための強力なツールだということです。それは理系の人やデータサイエンティストにとってという話ではなく、全ての人にとってそうです。

本書で紹介した事例は、数式が創造的な発明・発見につながったほんの一例にすぎません。本書で紹介したもの以外にも、物事の本質を突く数式が、まだまだ世の中にはたくさんあります。

抵抗感を少しだけ脇において、そうした数式をながめてみると、そのシンプルさや美しさ、そして秘められた物事の本質に驚くことでしょう。

最後になりますが、この本を世に出すためにサポートして下さった多くの方々に感謝します。森鈴香さん（朝日新聞出版）は、原稿を徹底的に読み込んで１行１行に丁寧なアドバイスをくださり、わかりづらいところは忌憚なき意見を伝えてくださいました。そのおかげで、最初の原稿と比べると文章がとても読みやすくなったと感じています。

アップルシード・エージェンシーの鬼塚忠社長と藤本佳奈さんには、本書の企画段階での深い議論を通じて貴重な気付きを与えていただきました。その気付きが本書の全体の構成や個々の内容に大きな影響を与えています。

デザイナーの吉田考宏さんは、本の装幀に加えて親しみやすく読みやすい素敵なデザインを考えてくださいました。

イラストレーターの平田利之さんは、「控えめな数式」から「華々しい発明」が生まれる様子をイメージした素晴らしいカバーイラストを作成してくださいました。

原稿執筆の時間を作ることに協力してくれた家族には感謝してもしきれません。妻は、物事を計画的に進めるのが苦手な私に原稿の進捗を毎日のように確認し危機感をもたせてくれました。そのおかげで、何とか遅れなく（または許容範囲の遅れで）原稿を完成させることができて安堵しています。

子育てと作家業とクオンツと客員教授の４タスクの遂行で大混乱な私を見かねて福岡から助っ人に駆けつけてくれた母にも大いに助けられました。

母が東京へ駆けつけたことで一時的に一人暮らし状態になってしまった父に対しても、寂しさをこらえて母を送り出してくれたことに感謝しています。

いつも笑顔で歌いながらジャンプしている6歳と3歳の子どもたちにも大変勇気づけられました。

そして何よりも、本書を手に取ってくださった読者のみなさまに心より感謝いたします。ここまで読んでくださって、本当にありがとうございました。

2023年7月某日
東京都の西のはずれにて
冨島佑允

冨島佑允 とみしま・ゆうすけ

クオンツ、データサイエンティスト
多摩大学大学院客員教授（専攻：ファイナンス＆ガバナンス）

1982年福岡県生まれ。京都大学理学部卒業、東京大学大学院理学系研究科修了（素粒子物理学専攻）。MBA in Finance（一橋大学大学院）、CFA協会認定証券アナリスト。大学院時代は欧州原子核研究機構（CERN）で研究員として世界最大の素粒子実験プロジェクトに参加。修了後はメガバンクでクオンツ（金融に関する数理分析の専門職）として各種デリバティブや日本国債・日本株の運用を担当、ニューヨークのヘッジファンドを経て、2016年より保険会社の運用部門に勤務。2023年より多摩大学大学院客員教授。著書に『日常にひそむ うつくしい数学』（小社）、『数学独習法』（講談社現代新書）、『物理学の野望――「万物の理論」を探し求めて』（光文社新書）などがある。

［著者エージェント］
アップルシード・エージェンシー
https://www.appleseed.co.jp

東大・京大生が基礎として学ぶ
世界を変えたすごい数式

2023年8月30日　第1刷発行

著　者　冨島佑允
発行者　宇都宮健太朗
発行所　朝日新聞出版
〒104-8011　東京都中央区築地5-3-2
電話　03-5541-8814（編集）
03-5540-7793（販売）
印刷所　大日本印刷株式会社

Published in Japan by Asahi Shimbun Publications Inc.
ISBN 978-4-02-332293-6
定価はカバーに表示してあります。